天然纤维素基生物可降解材料专利分析报告

◎邓　欣　谭志坚　著

中国农业科学技术出版社

图书在版编目(CIP)数据

天然纤维素基生物可降解材料专利分析报告 / 邓欣，谭志坚著. --北京：中国农业科学技术出版社，2024.5

ISBN 978-7-5116-6603-1

Ⅰ.①天… Ⅱ.①邓…②谭… Ⅲ.①植物纤维-可降解材料-专利-研究报告 Ⅳ.①TB39-18

中国国家版本馆 CIP 数据核字(2023)第 249890 号

责任编辑 施睿佳 姚 欢
责任校对 王 彦
责任印制 姜义伟 王思文

出 版 者 中国农业科学技术出版社
北京市中关村南大街 12 号 邮编：100081
电 话 (010) 82106631 (编辑室) (010) 82106624 (发行部)
(010) 82109709 (读者服务部)
网 址 https://castp.caas.cn
经 销 者 各地新华书店
印 刷 者 北京建宏印刷有限公司
开 本 170 mm×240 mm 1/16
印 张 9 彩插 11 面
字 数 170 千字
版 次 2024 年 5 月第 1 版 2024 年 5 月第 1 次印刷
定 价 128.00 元

《天然纤维素基生物可降解材料专利分析报告》

著作委员会

主　著：邓　欣　谭志坚

副主著：余　旺　邢　忱　马德胜

苏　芳　张俊芳

目　　录

第1章　项目概述

1.1　项目背景

塑料污染是全球性的重大挑战，悄无声息地威胁着地球的健康。塑料在其生命周期的各个阶段都会对环境造成破坏，在生产阶段会产生包括甲苯、二甲苯、乙苯在内的多种有机污染物，这些污染物最终会进入大气和水源，是引起全球气候变化的温室气体；废弃塑料进入土壤、水源和海洋，通过食物链影响各类生物和人类。根据国家统计局统计，2022 年我国塑料制品总产量 6 901 万吨。根据中国物资再生协会再生塑料分会统计，2022 年我国产生废弃塑料 6 300 万吨，其中回收量仅有 1 890 万吨，占比 30%，而填埋量为 2 016 万吨、焚烧量 1 953 万吨，分别占比 32%、31%，直接遗弃的占比 7%。焚烧易产生有毒有害气体，从而对大气造成污染，填埋会占用大量土地资源，并严重妨碍地下水的流通与水的渗透，直接遗弃到大自然的塑料制品降解时间需要几百年，这几种方式都对自然环境造成严重破坏。2022 年 3 月，在联合国第五届环境大会续会上通过了《终止塑料污染决议（草案）》，该决议指出，要建立一个政府间谈判委员会，到 2024 年达成一项具有国际法律约束力的协议，涉及塑料及其制品的生产、设计、回收和处理等各个环节。国家发展和改革委员会、生态环境部在 2020 年 1 月 19 日颁布了“史上最强禁塑令”——《关于进一步加强塑料污染治理的意见》，扩大了塑料制品等管控范围，同时以生产和销售两个环节为抓手彻底堵漏，并以明确的目标时限分步式实现政策落地。本次“禁塑令”的推出，一方面限制不可降解塑料的使用，另一方面鼓励支持可降解塑料、纸质等可降解、非塑材质实施替代，这将推动可降解材料对传统塑料的替代。

可降解材料是在生产过程中加入添加剂，使其本身在一定时间内能维持普通塑料的正常功能，超过一定时间或被废弃后，在光、微生物或其他因素的作用下可以降解而后消失的材料。可降解材料具有原材料可再生、来源丰富、成本低廉、无污染等特点，其可以大幅减少废弃塑料对环境造成的影响，可实现资源循环和利用的有效途径，也是应对“白色污染”的重要解决方案，因此具有广阔的应用前景。

可降解材料从降解方式进行分类，可以分为光降解材料、水降解材料、生物降解材料，以及其他降解材料。

光降解材料是一类添加光敏剂或引入特殊的光敏基团，在太阳光的参与下，能对自身结构进行破坏的材料。一类光降解材料的作用原理是聚合物在吸收太阳光后，光敏基团被激活，使聚合物产生含有双键等易于被降解的杂质，进一步发生氧化反应，最后降解为二氧化碳和水。例如：以一氧化碳为光敏单体与烯烃类单体聚合得到的如含有羰基结构的聚乙烯、聚氯乙烯等的光降解聚合物，与同类树脂混合，可得到一种光降解材料。另一类光降解材料的原理是聚合物在生产时加入少量光敏剂，光敏剂在光照的条件下，促使聚合物产生自由基，加快自身的降解速度。光敏剂具有在光降解材料使用期内抗氧化的作用且能帮助维持光降解材料的正常使用，但在光降解材料使用期过后，又能促进其吸收光能进行自我分解的双重作用。含有光敏剂的光降解材料可分为含有过度的金属化合物如金属氧化物、有机金属化合物等的光降解材料和含有如蒽醌、嵌二萘等具有敏化烯烃塑料的多环芳香族碳氢化合物的光降解材料。

水降解材料，即在材料中添加吸水性物质，用完后弃于水中即能溶解的可降解材料。

生物降解材料是一类在酶或微生物的作用下，使维持自身结构的分子链逐渐断裂，形成对环境无害的小分子化合物（主要为水和二氧化碳）的材料。相对于光降解材料，生物降解材料的原料来源更加绿色，降解的产物对环境的污染性也更小。生物降解的方式有生物的物理、化学作用和酶的直接作用。根据来源的不同可以分为微生物降解型的生物材料、合成高分子型的生物降解材料、天然高分子型的生物降解材料。微生物降解型的生物材料是以有机物为碳源，微生物进行发酵转化为高分子聚酯，利用这种高分子聚酯制作为塑料的材料。合成高分子型的生物降解材料是利用化学方法合成在自然界中与原本存在的利于降解的高分子化合物。天然高分子型的生物降解材料是在合成时以淀粉、纤维素、木质素等多糖化合物为原料，在必要的条件下加入生物降解添加剂或经氧化、改性而加工制成的塑料。生物降解材料根据原材料来源不同可分为生物基生物降解材料和石油基生物降解材料，其中生物基生物降解材料包括 PLA（聚乳酸）、PHA（聚羟基脂肪酸）、PHB（聚 β-羟基丁酸酯）等，石油基生物降解材料包括 PBAT（聚对苯二甲酸己二酸丁二醇酯）、PBS（聚丁二酸丁二醇酯）、PCL（聚己内酯）及 PGA（聚乙醇酸）等。PLA 是多糖经过降解发酵制得、纯化、聚合而成的环境友好型树脂，其具有优良的生物相容性和机械强度，被广泛应用于新型功能型医用高分子材料如医用手术缝合线、骨科用固定材料等；PHA 具有良好的生物相容性，可完全降解，但当前 PHA 的生产成本很高，超过了其他大部分可降解材料，暂时仅用于医疗器械等高附加值领域；PHB 是细菌体内碳源和能源的以颗粒状储存的酯类积累物。PHB 具有良好的气体阻隔性、生物相容性及可降解性，能用于未添加抗氧化剂的食品的包装袋、手术缝合线、骨折固定材料、高附加值包埋材料等。PBAT 具有良好的延展性、断裂伸长率、耐热性和抗冲击性能，其成膜性能良好，通常与 PLA 树脂等共混改性制成终端产品，可用于塑料包装薄膜、农用地膜、一次性用具等。PBS 降解性能优异，具有良好的生物相容性和耐热性能，其加工性能是目前降解材料中最好的，几乎可在现有通用塑料加工设备上进行各类成型加工，同时可以将大量碳酸钙、淀粉等廉价填料与 PBS 共混，以降低成本，其在餐饮包装用材、发泡包材、日用品瓶、农用薄膜、农药及化肥缓释材料等领域有广泛的应用。PCL 及 PGA 性能较好，具有良好的耐热性与生物相容性，也可完全生物降解，但目前国内技术不成熟，以国外进口为主，主要用于高附加值的医用领域。根据欧洲生物塑料协会数据，2021 年全球生物可降解材料产量为 155.3 万吨，其中 PBAT、PLA 和淀粉基材料的产量占比较大，分别占比 29.91%、29.44%和 25.55%。PLA 和 PBAT 是目前国内主流的两类可降解材料产品。

纤维素是地球上古老且丰富的天然高分子，是人类宝贵的天然可再生资源。天然纤维素基生物可降解材料是以植物纤维为主要原料制备的可降解材料。常见的植物纤维包括木质纤维、麻类纤维、棉纤维、竹纤维等。这些植物纤维具有天然、可再生、可降解等特性，适用于制备可降解材料。植物纤维素基生物可降解材料的优势在于纤维素原料来源广泛、成本低、可再生、无毒无污染，且具有可降解性、较强的强度和韧性、较好的生物相容性等特点，其在塑料替代、包装材料、土壤修复、纺织品等领域具有广泛的应用前景。

地球上丰富的纤维素因其可持续和可生物降解的特性以及出色的力学性能和可调节的表面化学特性而被广泛用于探索以替代石油基塑料。利用各类天然纤维等可再生生物质为原料制造的新型材料和化学产品，既包括通过生物合成、加工、炼制获得的生物醇、有机酸、烷烃、烯烃等基础生物基化学产品，也包括生物基塑料、生物基纤维、糖工程产品、生物基橡胶等。我国生物基可降解材料产业发展较快，功能菌株、蛋白元件等关键技术不断突破，产品种类日益丰富，初步构建了以聚乳酸、聚酰胺为主的率先产业化，多种生物基材料快速发展的格局。在“双碳”目标引领下，天然纤维素基生物材料产业已成为石油和化工行业绿色转型热点方向，将迎来更多发展机遇。生物基可降解材料研究是全球竞争热点，我国的相关技术正处于科研开发走向产业化规模应用的关键时期，但仍存在诸多薄弱环节，因此，统筹谋划基于天然纤维素基生物利用、促进生物基材料创新发展的政策，在生物基经济发展工作中先行先试、积极作为，提升国际综合竞争力，显得尤为重要。

本研究对天然纤维素基生物可降解材料技术领域进行全面的专利信息分析，解读国内外的相关技术研究状况、市场竞争现状、有效专利情况等重要信息。从专利申请趋势、地域分布、技术领域、原料、配方、降解方式、应用分析等方面入手，剖析了天然纤维素基生物可降解材料技术专利布局趋势，并对重点申请人的重点专利进行了解析，以期了解天然纤维素基生物可降解材料行业现状并预测未来走向，为相关研发机构及企业制定技术开发和市场发展策略提供理论参考依据。

1.2 研究目的

专利信息是最全面、最直接的技术信息。专利文献中不仅包含申请人、发明人等信息，还包含申请的时间、地址、类型、法律状态等信息，最重要的是还包含公开的技术方案内容。

（1）了解天然纤维素基生物可降解材料技术的发展现状。通过对天然纤维素基生物可降解材料的专利进行检索和分析，可以清晰地了解天然纤维素基生物可降解材料在各个国家/地区的专利布局情况和申请趋势，了解有效专利的分布情况、主要竞争对手专利情况、主要竞争对手目标市场等信息。

（2）把握天然纤维素基生物可降解材料技术的发展趋势。通过对专利技术的深入分析，还可以发现天然纤维素基生物可降解材料技术领域重要技术的研发热点和空白点，相应地，根据分析结果可以为本单位的研发方向的确定提供参考，避免低水平和重复的研发。

（3）实施专利预警。通过对专利技术的分析，可以有效地对天然纤维素基生物可降解材料技术领域进行专利预警。随着我国经济的发展，涉外专利纠纷大幅度上升，规模越来越大，已经对我国某些行业造成了巨大的威胁。因而，在进行研发之初，有必要对相关的技术实施专利预警。

1.3 研究方法和研究内容

1.3.1 技术分支

首先确定了天然纤维素基生物可降解材料技术领域涉及的 4 个一级技术分支。并对这 4 个一级技术分支进行了进一步的细化分类，在细化分类过程中，进一步确定了二级技术分支，得到天然纤维素基生物可降解材料技术领域体系结构模型，如表 1-1 所示。

表 1-1 天然纤维素基生物可降解材料技术分支

一级技术分支	二级技术分支	含义
原料	麻	植物纤维原料来自麻类植物
	竹	植物纤维原料来自竹子
	木	植物纤维原料来自树木
	稻秆/秸秆	植物纤维原料来自稻秆、玉米秆、麦秆等秸秆
聚合物	PLA（聚乳酸）	可降解材料中包括聚乳酸
	PBS（聚丁二酸丁二醇酯）	可降解材料中包括聚丁二酸丁二醇酯
	PCL（聚己内酯）	可降解材料中包括聚己内酯
	PBAT（聚对苯二甲酸己二酸丁二醇酯）	可降解材料中包括聚对苯二甲酸己二酸丁二醇酯
降解方式	生物降解	可降解材料利用酶或微生物的降解作用降解
	水降解	可降解材料溶于水中即能溶解
	光降解	可降解材料在一定光辐照的作用下降解
应用	非织造布	可降解材料用于制备非织造布
	农用	可降解材料用于制备农业生产用品，包括地膜等
	医用	可降解材料用于制备医疗产品，包括美容填充材料、药物递送材料、手术缝合线和组织工程支架等
	织物	可降解材料用于制备纺织品，包括丝、衣服
	包装	可降解材料用于制备包装材料
	餐具	可降解材料用于制备餐具

1.3.2 研究方法和研究内容

通过对专利文献的著录事项以及技术内容的统计和分析，可以了解某个产品及其所属行业的研发总体情况、研究的热点方向、重要的申请人以及专利壁垒等情况。专利信息分析主要包括两种方式，即宏观统计分析和微观技术分析。

宏观统计分析主要是通过对专利文献相关著录事项的统计，根据对统计结果的具体解读，分析其所代表的技术、产业和市场等发展趋势。定量分析的统计工作主要通过专利数据库提供的统计功能和相关的专利分析软件完成，并由人工甄别和修正统计数据，统计的结果通常以趋势图、矩阵图、份额图等可视化的图表形式，对数据进行多主体、多维度对比展示。再对这些图表进行详细的解读和分析。

微观技术分析主要是通过对专利文献具体技术内容的阅读，由人工对文献进行标引和分类，在相关的软件辅助下，找出某些重要技术方向下的重要专利文献，对这些文献的技术内容进行详尽的分析，并在此基础上进行相关的比较研究，以期得出研发方向、专利壁垒、风险化解等方面的结论。

本研究综合运用上述两种在专利信息分析中常用的研究方法，对天然纤维素基生物可降解材料技术领域进行全面的专利信息分析，解析出全球、中国、湖南、长沙的技术研究状况、市场竞争现状、有效专利情况等重要信息。并通过人工阅读，就申请量前四名的申请人的有效专利进行相关技术问题与技术分支的标引，就主要申请人在天然纤维素基生物可降解材料技术的专利布局情况进行分析。以期让企业技术人员从分析结论中找到解决问题的方法或者形成对未来技术研发的思考，进而为企业制定技术开发和市场发展策略提供理论参考依据。

1.4 检索方法及专利信息数据库

本研究是采用关键词、分类号构建检索式进行检索。

专利信息数据库采用的是智慧芽检索分析平台。

专利检索时间：2023 年 1 月 30 日。

中文检索关键词：纤维、天然、植物、麻、竹、生物质、香蕉、玉米、秸秆、木、稻壳、棉、菠萝、芦苇、稻草、降解、生物分解、材料、组合物、复合、树脂、凝胶、塑料、聚合物、膜。

英文关键词：degradable、degradation、biodegradable、biologic decomposition、biodecomposition、fiber、fibers、natural、plant、flax、hemp、apocynum、ramie、jute、sisal、kenaf、abaca、bamboo、bamboos、biomass、 bananeira、bananeiras、corn、corns、wheat－straw、straw、wood、rice husk、cotton、pineapple、reed、straw、biofiber、biofabrics、biological fiber、biological fibers、material、materials、composite、composition、component、components、compound、compounds、resin、gel、plastics、plastic、polymer、film、mulch。

分类号：D01B1、D01B3、D01B9、D01C、C08L97、D01B7、D21B、C08、D。

第 2 章　全球专利态势总体分析

2.1　专利技术总体分析

2.1.1　全球专利年度申请趋势分析

图 2-1 从宏观上展示了天然纤维素基生物可降解材料技术领域的申请数量随年代的变化趋势。

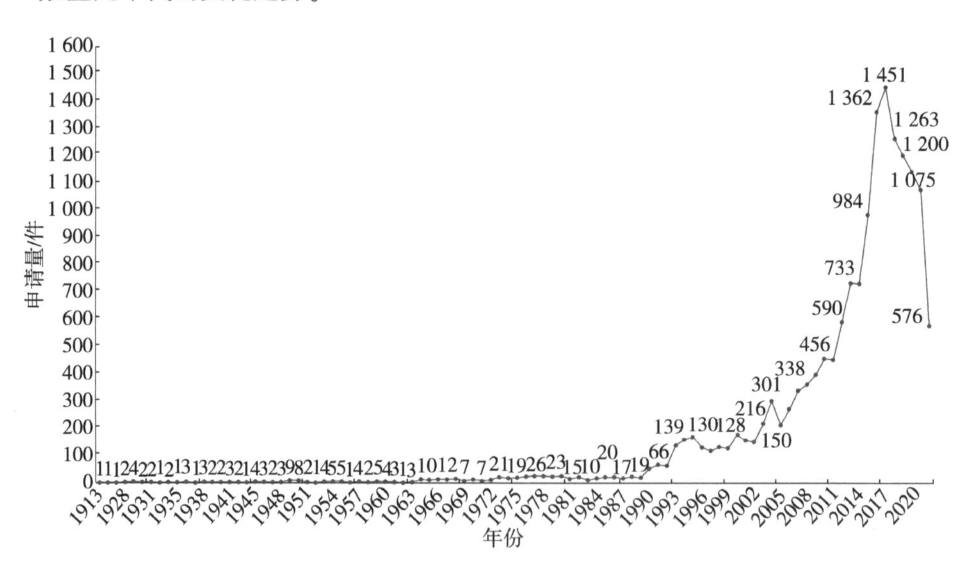

图 2-1　全球专利申请发展趋势

大致分为 4 个阶段。

（1）1990 年之前，专利技术的萌芽期。天然纤维素基生物可降解材料技术领域从 1913 年开始出现第一件专利申请，直到 1990 年申请量都不多，天然纤维素基生物可降解材料技术处于技术萌芽阶段。

（2）1991—2005 年，专利技术的稳定成长期。1991—2005 年，天然纤维素基生物可降解材料技术领域的专利较 1990 年之前缓慢增长，一直处于比较平稳的状态，每年有 100 多件专利申请。

（3）2006—2018 年，专利技术的快速发展期。2013 年开始天然纤维素基生物可降解材料技术领域的专利开始迅速增长，直到 2018 年，年度专利申请数量达到 1 451 件。

（4）2019 年之后，专利技术的衰退期。天然纤维素基生物可降解材料技术领域从 2019 年开始专利申请数量迅速减少，该技术进入衰退期。由于专利公开时间最迟有 18 个月滞后期，因此 2021 年和 2022 年有部分专利没有公开，故数据参考价值较低。

2.1.2 专利申请技术构成分析

从各关键技术分支的专利申请量比例分布则可以看出全球范围内各关键技术分支的研发分布情况。

从图 2-2 可以看出，天然纤维素基生物可降解材料的专利中，涉及原料和应用的相关专利数量较多，申请数量分别为 14 275 件和 12 585 件。专利技术涉及聚合物和降解方式的专利数量相对较少，分别为 8 203 件和 7 837 件。同一件专利技术，可能同时涉及多个一级技术分支。

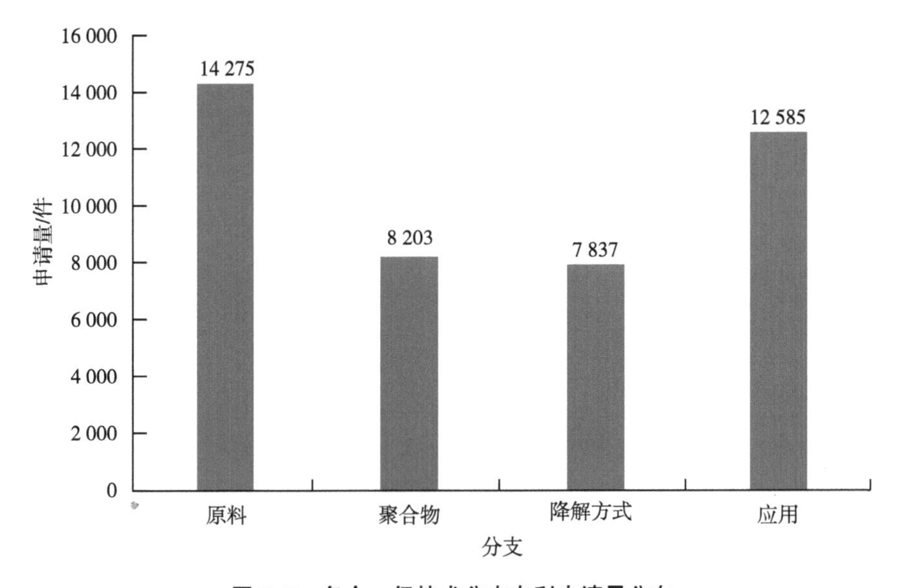

图 2-2 各个一级技术分支专利申请量分布

2.1.3 专利申请区域分布状况

表 2-1 显示的是天然纤维素基生物可降解材料各个国家/地区的专利申请量，图 2-3 显示的是专利申请的国家/地区分布。天然纤维素基生物可降解材料的专利申请主要分布在中国（CN），中国专利申请数量为 10 283 件，占比为 62.90%。中国在该领域的研究远多于其他国家。美国（US）、世界知识产权组织（WO）、日本（JP）、欧洲（EP）的专利申请数量相对较多。

表 2-1 各个国家/地区的专利申请量

序号	专利局	专利数量（件）	序号	专利局	专利数量（件）
1	中国（CN）	10 283	6	韩国（KR）	473
2	美国（US）	1 102	7	德国（DE）	419
3	世界知识产权组织（WO）	793	8	加拿大（CA）	310
4	日本（JP）	649	9	巴西（BR）	215
5	欧洲（EP）	634	10	印度（IN）	191

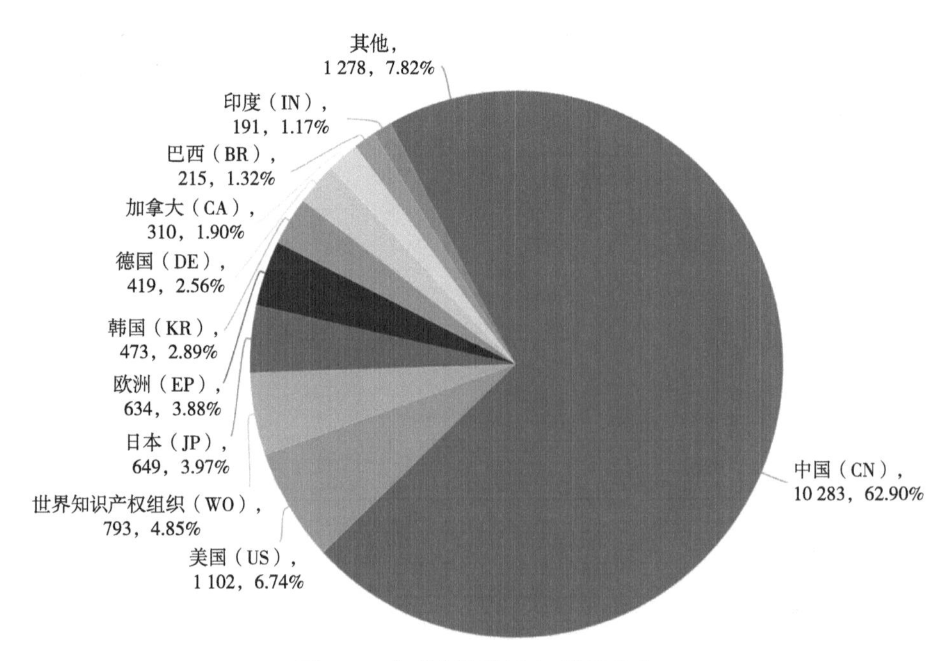

图 2-3 专利申请的国家/地区分布

图 2-4 显示的是中国申请人向国内、国外申请专利的情况。中国申请

人申请的天然纤维素基生物可降解材料专利中，96.83%只在中国大陆申请，仅3.17%的专利向国外申请。向国外申请的专利中，主要包括美国专利、世界知识产权组织专利、德国专利、欧洲专利局专利等。可见，中国申请人向国外申请专利的意识较弱。美国是中国申请人最为重视的市场，其次为德国和欧洲专利局。

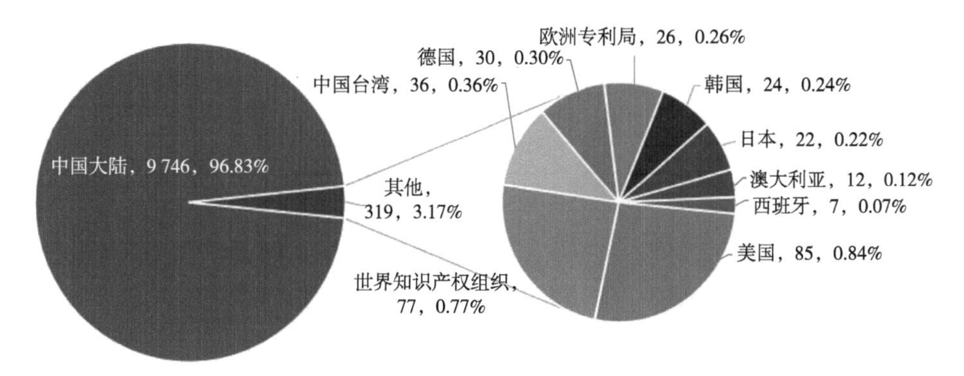

图2-4　中国申请人向国内、国外申请专利情况

图2-5显示的是美国申请人向国内、国外申请专利的情况。美国申请人申请的天然纤维素基生物可降解材料专利中，有37.46%在美国本国申请，有62.54%的专利向国外申请，主要包括世界知识产权组织专利、中国专利、欧洲专利局专利、加拿大专利等。可见，美国申请人非常重视向国外申请专利，尤其重视中国市场和欧洲专利局市场。

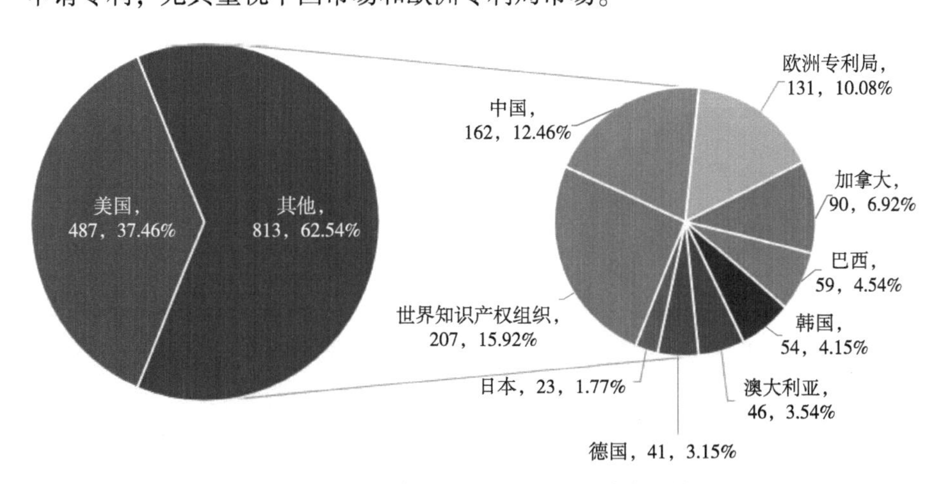

图2-5　美国申请人向国内、国外申请专利情况

图 2-6 显示的是日本申请人向国内、国外申请专利的情况。日本申请人申请的天然纤维素基生物可降解材料专利中，有 62%在日本本国申请，有 38%的专利向国外申请，主要包括美国、中国大陆、世界知识产权组织、欧洲专利局、韩国等。可见，日本申请人也非常重视向国外申请专利，尤其重视美国市场、中国大陆市场和欧洲专利局市场。

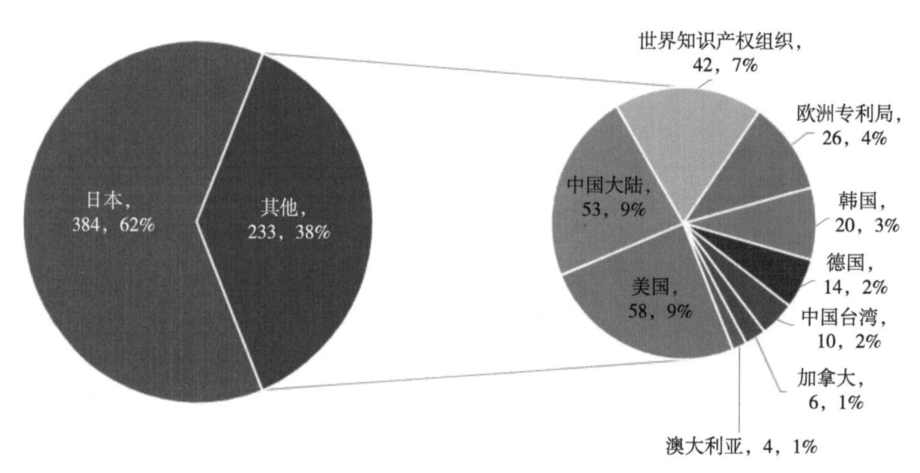

图 2-6 日本申请人向国内、国外申请专利情况

图 2-7 显示的是韩国申请人向国内、国外申请专利的情况。韩国申请人申请的天然纤维素基生物可降解材料专利中，有 71%在韩国本国申请，有 29%的专利向国外申请，主要包括世界知识产权组织、美国、中国大陆、欧洲专利局、日本等。可见，韩国申请人也非常重视向国外申请专利，尤其重视美国市场、中国大陆市场和欧洲专利局市场。

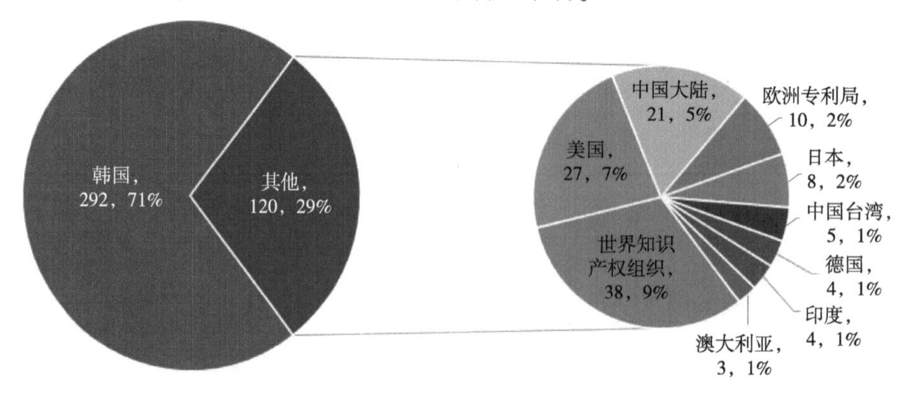

图 2-7 韩国申请人向国内、国外申请专利情况

2.1.4 法律状态

图 2-8 显示了天然纤维素基生物可降解材料技术领域全球专利的法律状态。全球专利中，大部分专利均已失效，占比为 62%。有效专利占比为 24%，还有 14%的专利处于审理中。

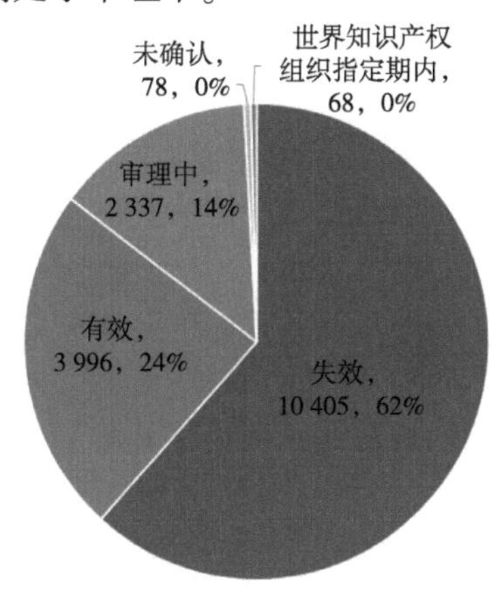

图 2-8 全球专利法律状态

图 2-9 显示了天然纤维素基生物可降解材料技术领域主要国家/地区专

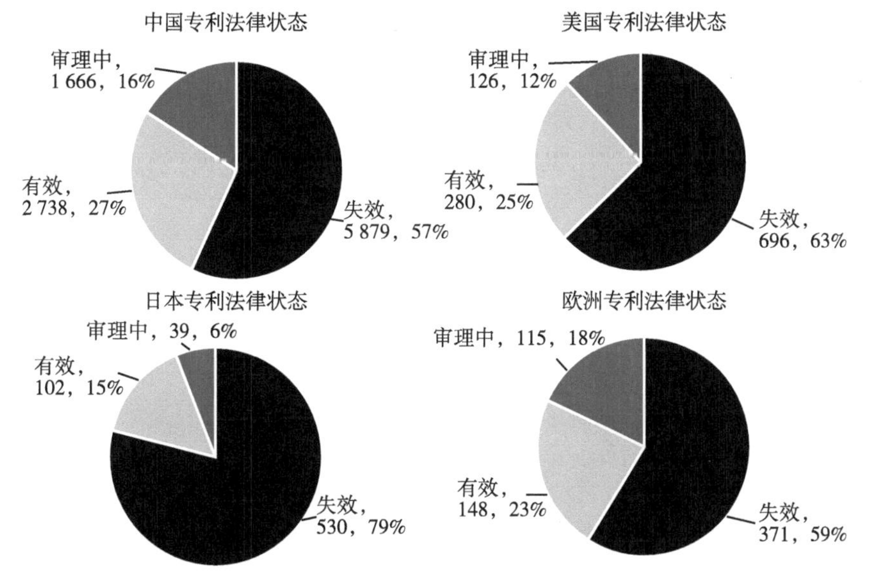

图 2-9 主要国家/地区专利法律状态

利法律状态。中国专利中，天然纤维素基生物可降解材料技术领域有效专利占比较少，为27%；审理中的专利占比为16%；大部分专利已失效，占比为57%。美国专利中，大部分专利已失效，占比为63%；有效专利占比为25%；审理中专利占比为12%。日本专利中，79%的专利已经失效，可见日本在天然纤维素基生物可降解材料技术领域的失效专利比例相比另外几个国家更大；有效专利占比为15%；审理中专利占比为6%。欧洲专利中，59%的专利已经失效；有效专利占比23%；审理中专利占比18%。由此可见，在天然纤维素基生物可降解材料技术领域，4个主要国家/地区中，日本的专利失效比例最高，有效比例最低。中国专利的有效比例最高，欧洲专利处于审理中的专利比例最高。

2.1.5 技术生命周期分析

技术生命周期图完整地描述了一项技术从萌芽、成长、成熟到衰退的全过程。图2-10显示的是全球天然纤维素基生物可降解材料专利技术生命周期。1990年以前，天然纤维素基生物可降解材料技术领域处于技术萌芽期，未来发展趋势不明朗，相关技术由少数企业参与研发。在这个阶段，专利权人数较少，申请的专利数量较少。

1991—2007年，天然纤维素基生物可降解材料技术领域处于技术缓慢成长期，技术不断发展，市场不断扩大，技术的吸引力凸显，介入的企业增

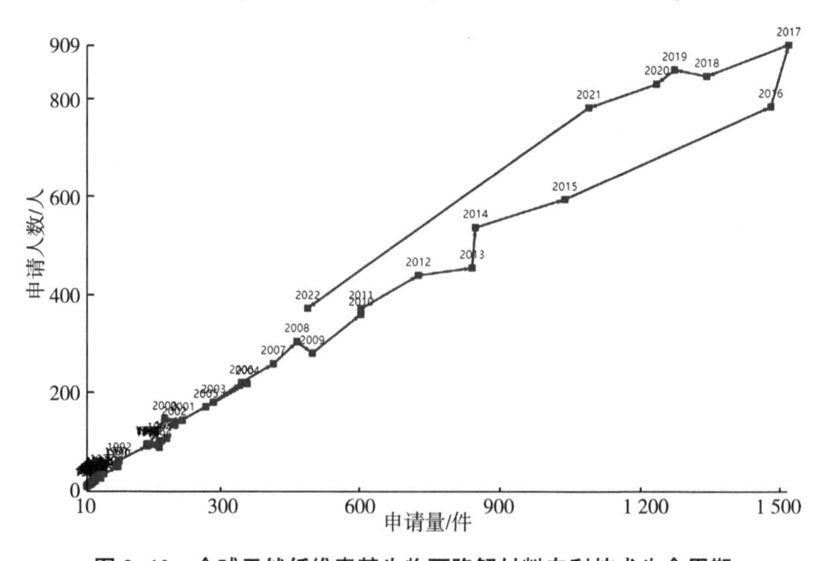

图2-10 全球天然纤维素基生物可降解材料专利技术生命周期

多，技术、产品研发空间较大，专利申请的数量急剧上升，集中度降低，技术分布的范围扩大。

2008—2017 年，天然纤维素基生物可降解材料技术领域进入快速成长期，专利申请数量较多，专利申请人数量也较多，且在小幅度的范围内波动。

2018 年之后，天然纤维素基生物可降解材料技术领域进入衰退期，专利申请数量和专利申请人数量都急剧下降。

可见，从专利申请情况以及申请人数量可以看出，天然纤维素基生物可降解材料技术领域，目前发展进入衰退期，参与市场的研发主体逐步减少，专利申请数量也逐步减少。

2.2 天然纤维素基生物可降解材料中天然纤维原料分析

2.2.1 全球专利年度申请趋势分析

图 2-11 从宏观上展示了天然纤维原料技术领域的申请数量随年代的变化趋势。天然纤维原料技术领域专利申请较早，从 1913 年开始就有相关专利申请，到 1992 年以前，专利数量都较少。从 1993 年开始，专利数量增长较快。从 2007 年开始，专利申请数量开始迅速增长，一直到 2017 年，专利申请数量达到顶峰。2018 年开始，专利申请数量开始下降。

可见，在天然纤维原料技术领域，该技术已经进入了衰退期。

2.2.2 专利申请技术构成分析

天然纤维材料原料技术领域，本研究主要对以木纤维、竹纤维、麻纤维、稻秆/秸秆等为植物纤维原料的相关专利进行了分析。部分专利中，天然纤维材料原料包括多种纤维材料同时存在的情况。图 2-12 显示了以木纤维、麻纤维、竹纤维、稻秆/秸秆 4 种天然纤维为原料的可降解材料。以木纤维为天然纤维材料原料的专利数量最多，有 6 000 多件。以麻纤维和竹纤维为天然纤维材料原料的专利数量也较多，均有 3 000 多件，以稻秆/秸秆为天然纤维材料原料的专利数量为 1 800 多件。

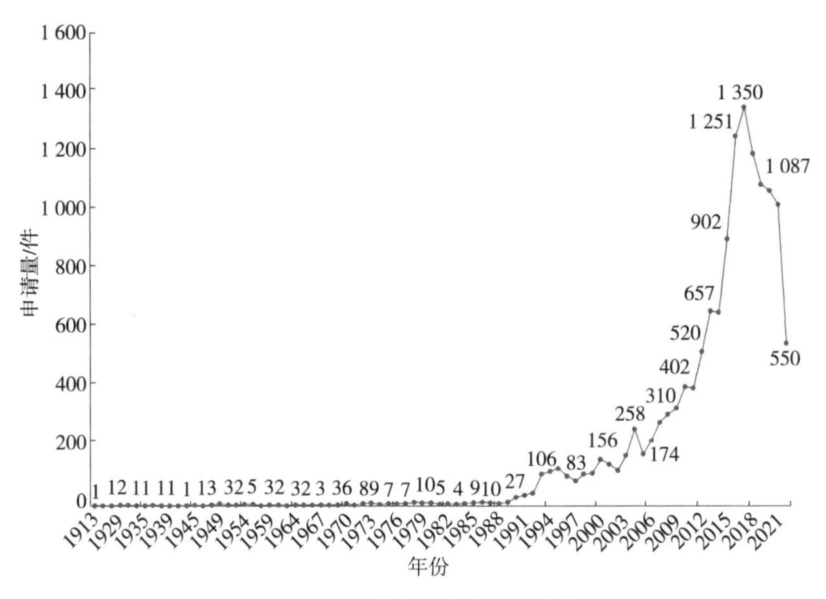

图 2-11　全球专利申请发展趋势

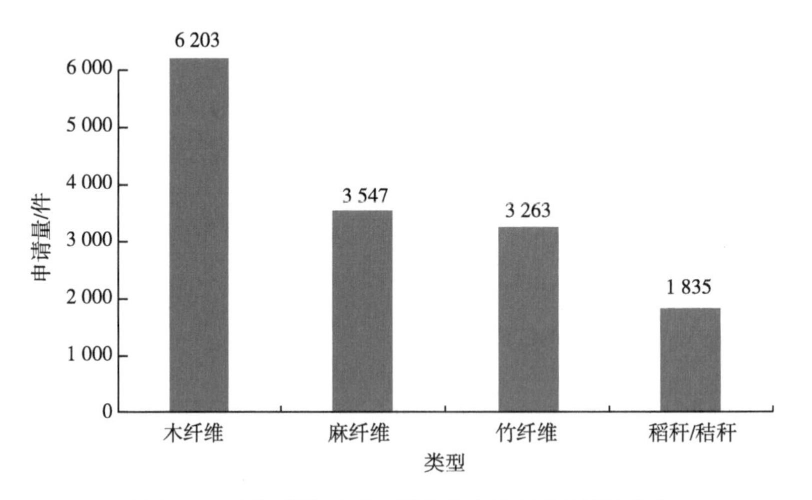

图 2-12　植物纤维原料二级技术分支专利申请量分布

2.2.3　主要国家/地区技术构成分析

图 2-13 显示了主要国家/地区植物纤维原料相关专利申请量分布。美国专利、日本专利、韩国专利、世界知识产权组织专利和欧洲专利中，植物纤维原料为竹纤维、稻秆/秸秆的专利申请数量较少，植物纤维原料为木纤

维和麻纤维的专利申请数量均明显多于竹纤维和稻秆/秸秆相关专利申请数量。中国专利中，木纤维的专利申请明显多于竹纤维、麻纤维和稻秆/秸秆的专利申请数量，竹纤维专利申请数量又比麻纤维的专利申请数量稍多。

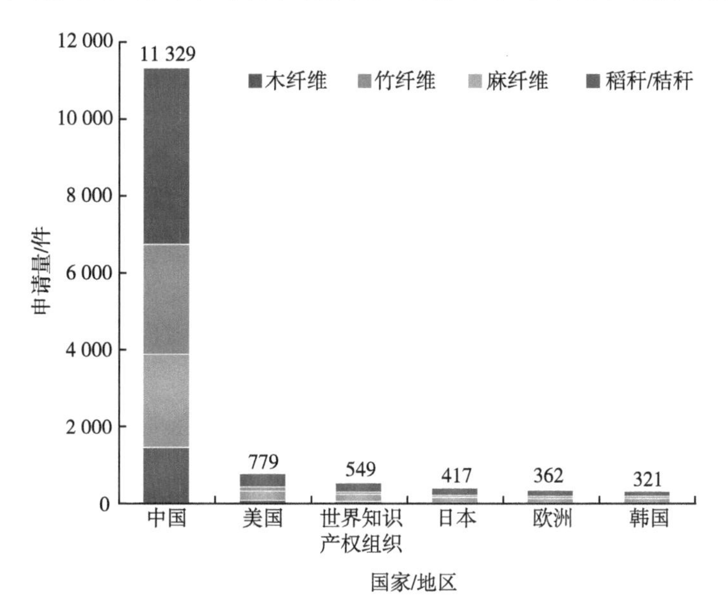

图 2-13　主要国家/地区植物纤维原料相关专利申请量分布

2.3　天然纤维素基生物可降解材料中可降解聚合物配方分析

2.3.1　全球专利年度申请趋势分析

图 2-14 从宏观上展示了天然纤维素基生物可降解材料的配方中含可降解聚合物的专利申请数量随年代的变化趋势。可降解聚合物技术领域专利申请较早，从 1931 年开始就有相关专利申请，到 1992 年以前年度专利申请数量都较少。从 1993 年开始，专利申请数量增长较快。从 2015 年开始，专利申请数量开始迅速增长，一直到 2017 年，专利申请数量达到顶峰。2018 年开始，专利申请数量开始下降。

可见，在可降解聚合物技术领域，该技术已经进入了衰退期。

从图 2-15 中可以看出，含天然来源聚合物的天然纤维素基生物可降解

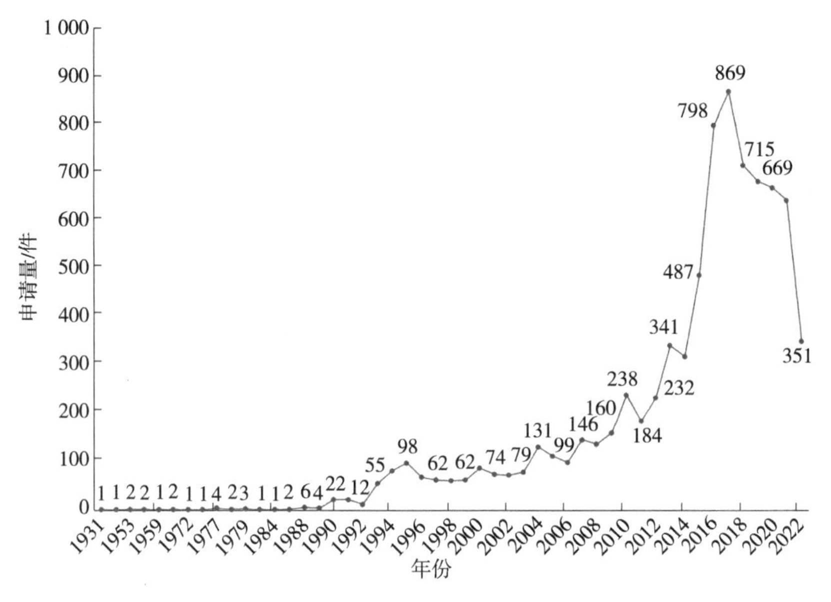

图 2-14　全球天然纤维素基生物可降解材料的配方中含可降解聚合物的专利申请发展趋势

材料、含生物合成聚合物的天然纤维素基生物可降解材料和含化学合成聚合物的天然纤维素基生物可降解材料的专利申请趋势大体相同。

含天然来源聚合物的天然纤维素基生物可降解材料的专利数量，在2014年以前年度申请量均较少，2015年之后申请量迅速增长，并在2016年专利申请量达到最高，之后申请量有所回落。

含生物合成聚合物的天然纤维素基生物可降解材料的专利数量，在2014年以前，专利申请量均较少，2015年之后申请量迅速增长，并在2016年专利申请量达到最高，之后申请量有所回落，2019年之后又呈上升趋势。

含化学合成聚合物的天然纤维素基生物可降解材料的专利数量，在2015年之前，年度申请量均较少，2016年申请量迅速增长，并在2017年专利申请量达到最高，之后申请量有所回落，2019年之后又呈上升趋势。

可见，近些年来含天然来源聚合物的天然纤维素基生物可降解材料的研究热度有所下降，含生物合成聚合物的天然纤维素基生物可降解材料和含化学合成聚合物的天然纤维素基生物可降解材料的研究热度有所提升。

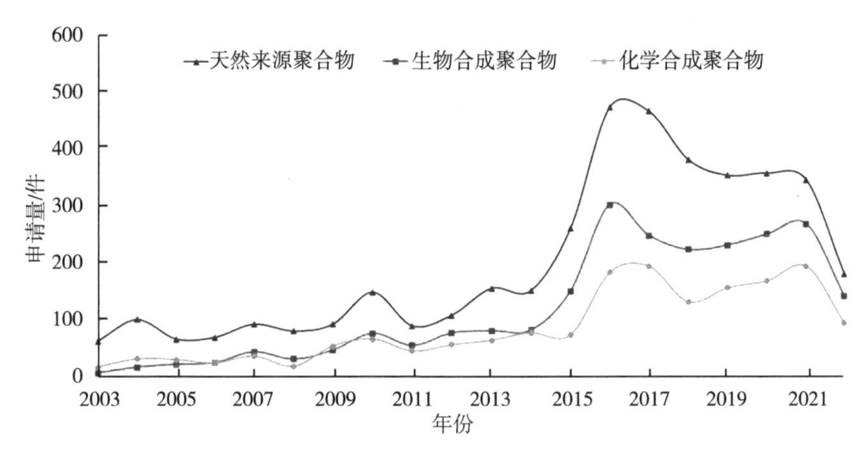

图 2-15 含不同可降解聚合物的天然纤维素基生物可降解材料的专利申请发展趋势

2.3.2 专利申请技术构成分析

天然纤维素基生物可降解材料的配方中可降解聚合物主要包括三类，分别为天然来源聚合物、生物合成聚合物和化学合成聚合物。其中，天然来源聚合物包括淀粉、壳聚糖、甲壳素等。生物合成聚合物包括 PLA、PHA 等。化学合成聚合物包括 PBAT、PCL、PBS 等。部分专利技术中，配方中可降解聚合物既可以选自天然来源聚合物，也可以选自生物合成聚合物和化学合成聚合物。

图 2-16 显示了天然纤维素基生物可降解材料的配方中包含天然来源聚合物、生物合成聚合物和化学合成聚合物的专利申请量分布。配方中包含天然来源聚合物的专利申请数量最多，有 4 000 多件。配方中包含生物合成聚合物的专利申请数量为 2 000 多件。配方中包含化学合成聚合物的专利申请数量为 1 000 多件。可见，天然纤维素基生物可降解材料的配方中的聚合物主要还是天然来源聚合物。

2.3.3 主要国家/地区技术构成分析

图 2-17 显示了主要国家/地区的天然纤维素基生物可降解材料的配方中含天然来源聚合物、生物合成聚合物和化学合成聚合物的相关专利的申请量分布。各个主要国家的专利申请中，配方中含天然来源聚合物的专利数量最多。中国专利中，配方中含生物合成聚合物的专利数量多于配方中含化学

合成聚合物的专利数量。美国专利和世界知识产权组织专利申请中，配方中含化学合成聚合物的专利数量稍多于配方中含生物合成聚合物的专利数量。日本专利申请中，配方中含化学合成聚合物的专利数量明显多于配方中含生物合成聚合物的专利数量。欧洲和韩国专利申请中，配方中含化学合成聚合物的专利数量与配方中含生物合成聚合物的专利数量基本相同。

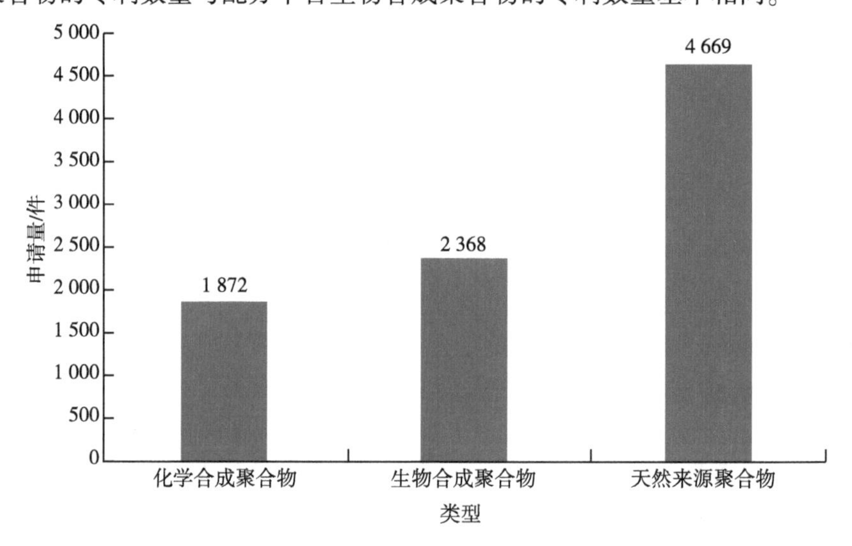

图 2-16　可降解聚合物二级技术分支专利申请量分布

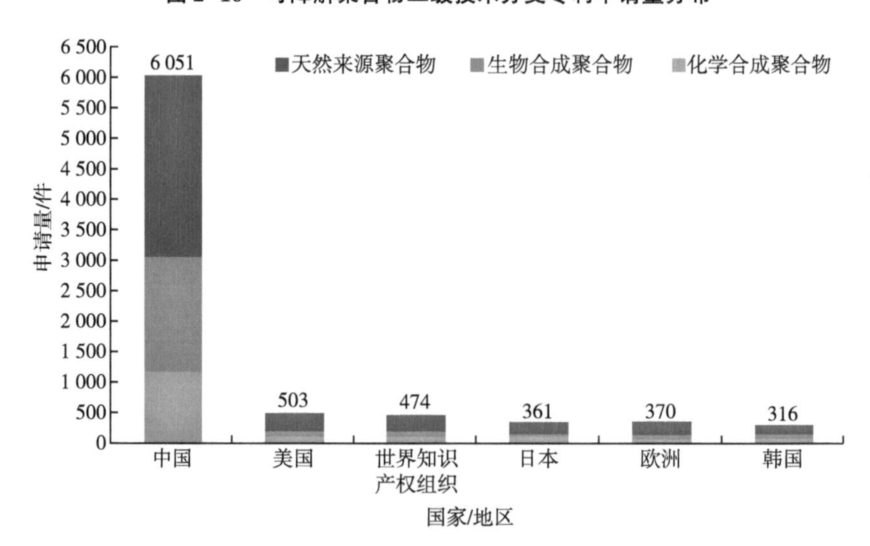

图 2-17　主要国家/地区可降解聚合物相关专利申请量分布

2.4 天然纤维素基生物可降解材料的降解方式分析

2.4.1 全球专利年度申请趋势分析

图 2-18 从宏观上展示了与天然纤维素基生物可降解材料的降解方式相关的专利申请数量随年代的变化趋势。降解方式技术领域专利申请较早，从 1946 年开始就有相关专利申请，到 1989 年以前，年度专利数量都较少，专利申请数量每年都在个位数。从 1990 年开始，专利数量增长较快。从 2015 年开始，专利申请数量开始迅速增长，一直到 2017 年，专利申请数量达到顶峰。2018 年专利申请数量骤降，2018—2021 年，专利申请数量虽然较 2017 年有所下降，但是专利申请数量较为稳定，每年申请数量均在 500 件以上。

可见，在可降解聚合物技术领域，该技术已经进入了成熟期。

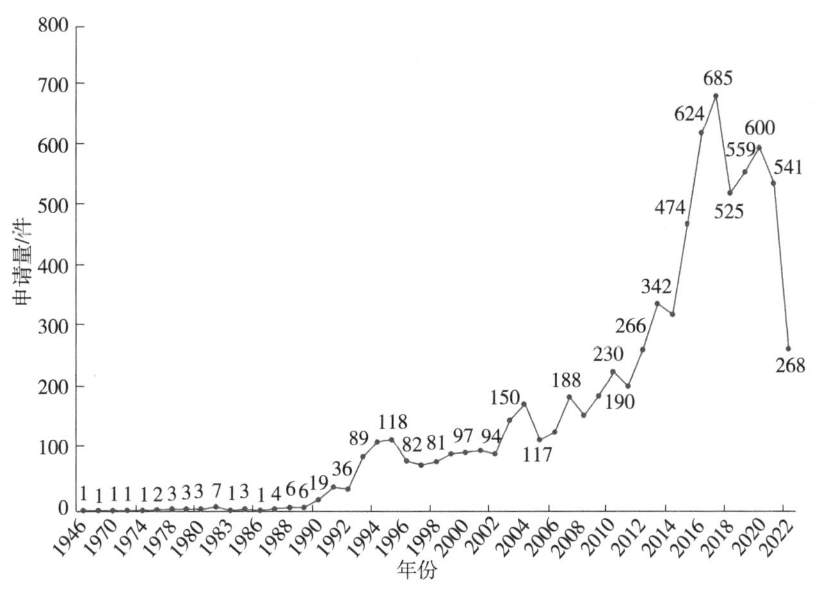

图 2-18 全球天然纤维素基生物可降解材料的降解方式相关专利申请发展趋势

图 2-19 显示了不同降解方式的天然纤维素基生物可降解材料近 20 年专利申请发展趋势。采用生物降解方式的天然纤维素基生物可降解材料的专利申请数量最多，且专利申请数量整体呈上升趋势，2017 年专利申请数量达到最高，之后小幅度回落。采用水降解和光降解的天然纤维素基生物可降解材料的专利申请数量每年均较少。

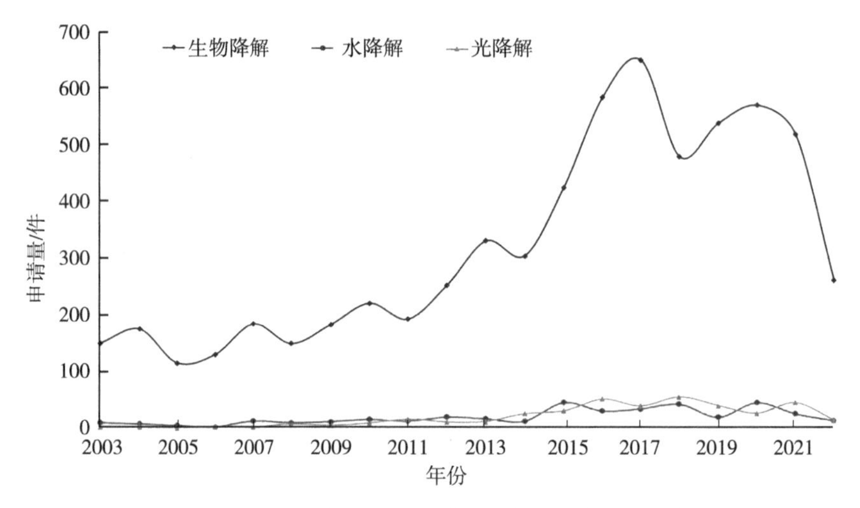

图 2-19 不同降解方式的天然纤维基可降解材料的专利申请发展趋势

2.4.2 专利申请技术构成分析

天然纤维素基生物可降解材料的降解方式主要包括三类，分别为生物降解、光降解和水降解。部分专利技术中，天然纤维素基生物可降解材料的降解方式可以是采用上述两种以上降解方式进行降解。部分专利中只描述了该材料可降解，未描述降解方式。

图 2-20 显示了天然纤维素基生物可降解材料的降解方式为生物降解、光降解和水降解的专利申请量分布。降解方式为生物降解的专利申请数量最多，有 7 000 多件；而水降解方式和光降解方式的天然纤维素基生物可降解材料的专利申请数量较少。

2.4.3 主要国家/地区技术构成分析

图 2-21 显示了主要国家/地区的天然纤维素基生物可降解材料的降解方式为生物降解、光降解和水降解的相关专利的申请量分布。各个主要国家

的专利申请中，天然纤维素基生物可降解材料的降解方式主要为生物降解。光降解和水降解相关的专利数量各个主要国家专利数量均较少。

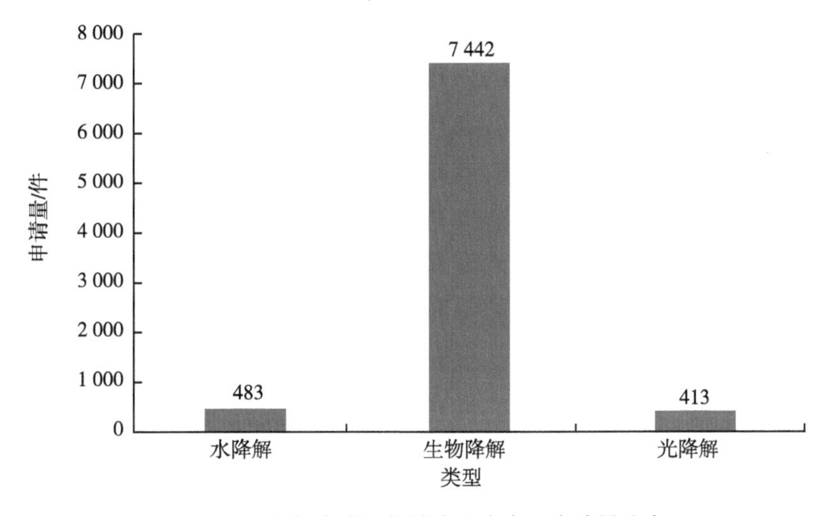

图 2-20　降解方式二级技术分支专利申请量分布

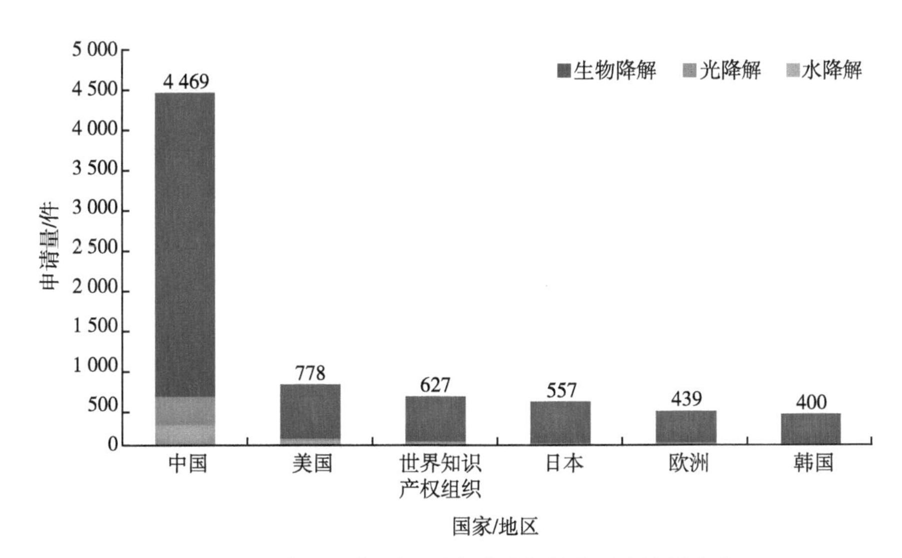

图 2-21　主要国家/地区降解方式相关专利申请量分布

2.5 应用分析

2.5.1 全球专利年度申请趋势分析

图 2-22 从宏观上展示了与天然纤维素基生物可降解材料的应用相关的专利申请数量的年度变化趋势。天然纤维素基生物可降解材料的应用技术领域专利申请较早，从 1913 年开始就有相关专利申请，到 1992 年以前，专利数量都较少。从 1993 年开始，专利数量增长较快。从 2009 年开始，专利申请数量开始迅速增长，一直到 2017 年，专利申请数量达到顶峰。2018 年开始，专利申请数量开始下降。

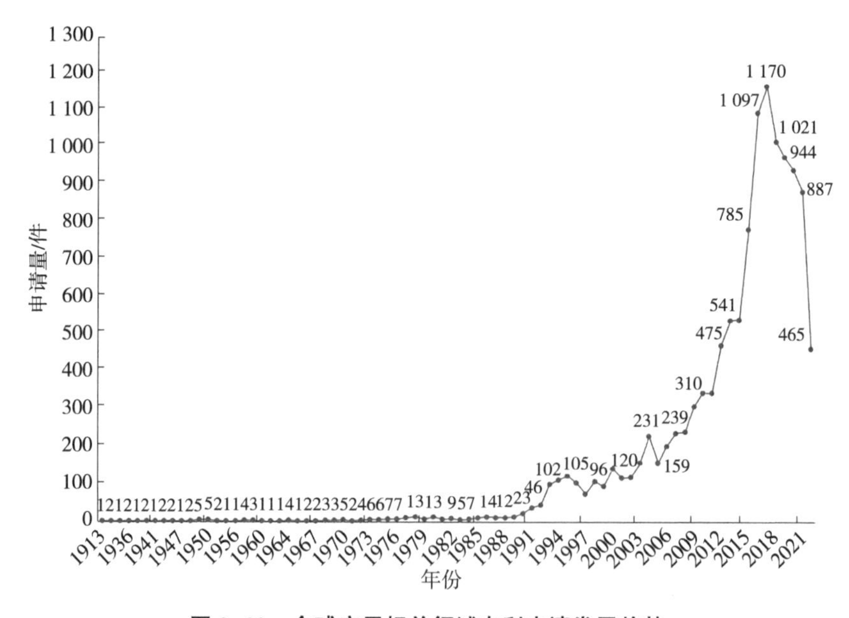

图 2-22 全球应用相关领域专利申请发展趋势

可见，在天然纤维素基生物可降解材料的应用技术领域，该技术已经进入了衰退期。

2.5.2 专利申请技术构成分析

天然纤维素基生物可降解材料可以应用于织物、医用、纸、农用、餐具、非织造布、卫生用品等各个领域。部分专利技术中，天然纤维素基生物可降解材料既可用于医用领域，又可以用于非织造布、餐具等领域。部分专利技术未涉及应用领域。

图 2-23 显示了天然纤维素基生物可降解材料在不同应用领域的专利申请量分布。天然纤维素基生物可降解材料在织物领域的专利申请数量最多，有 6 000 多件。天然纤维素基生物可降解材料在纸领域的专利申请数量为 5 000 多件。天然纤维素基生物可降解材料在包装领域和层状物领域的专利申请数量均为 3 000 多件。在医用领域的应用为 2 000 多件，在汽车领域的应用为 1 000 多件，在农用领域的应用为 800 多件，在非织造布领域的应用为 1 900 多件，在卫生用品领域的应用为 600 多件，在内饰领域的应用为 400 多件，在袋子领域的应用为 1 200 多件，在餐具领域的应用为近 800 件。

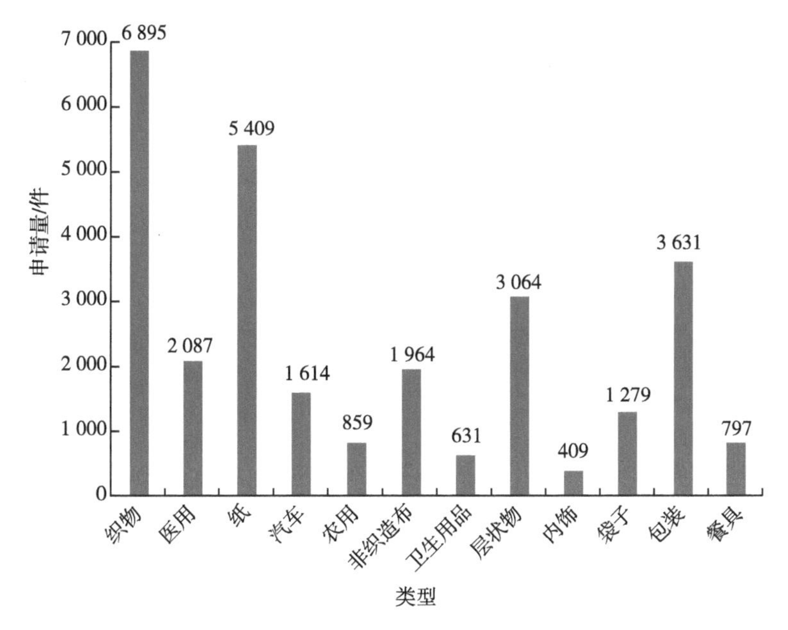

图 2-23 可降解材料的应用二级技术分支专利申请量分布

2.5.3 主要国家技术构成分析

图 2-24 显示了主要国家的天然纤维素基生物可降解材料在各个领域的应用的专利申请量分布情况。中国、日本、美国和韩国的专利申请中，天然纤维素基生物可降解材料的应用主要涉及织物和纸领域。美国、日本和韩国专利申请中，天然纤维素基生物可降解材料的应用主要还涉及层状物和较高的比例涉及非织造布领域。

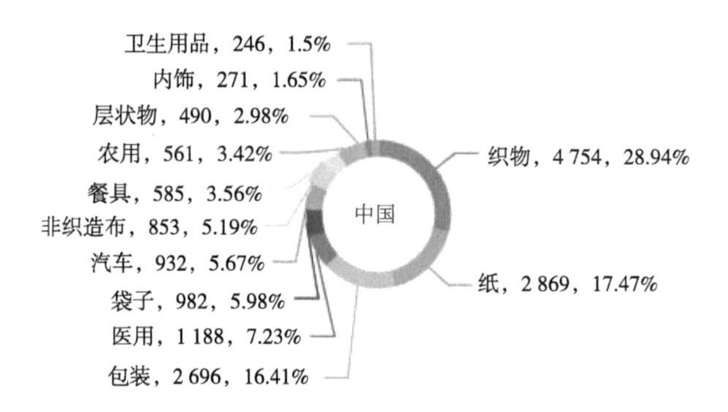

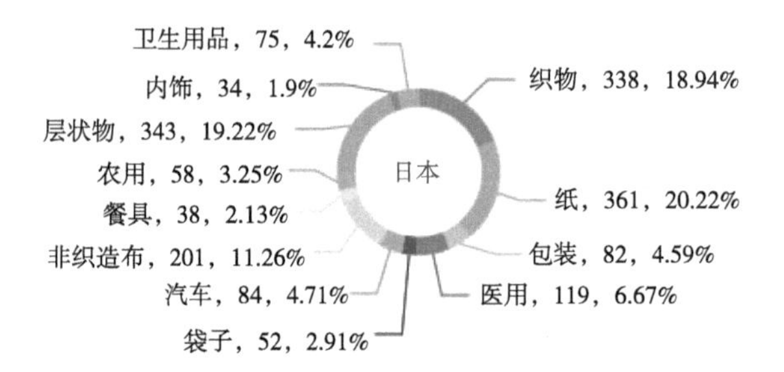

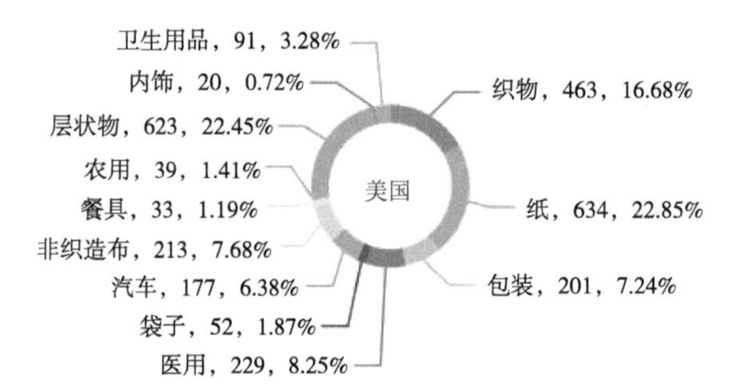

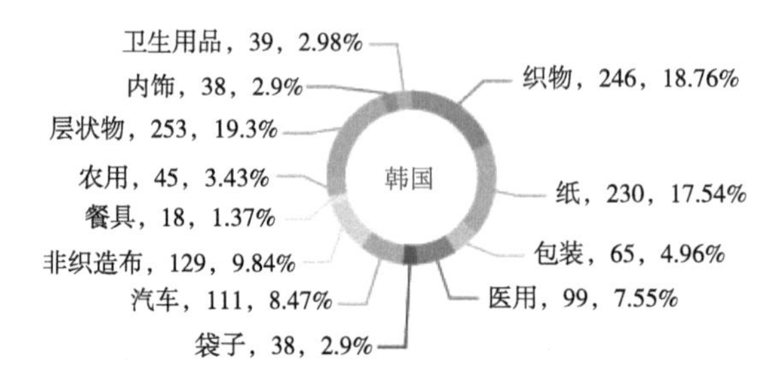

图 2-24 主要国家应用技术领域相关专利申请量分布

2.6 申请人分析

如图 2-25 所示，天然纤维素基生物可降解材料技术领域的全球专利申请中，东华大学的专利申请数量最多，且有效专利数量也较多，有 48 件有效专利。申请量排名第二的为华南理工大学，有效专利数量为 83 件。排名第三的为诺瓦蒙特股份公司，有效专利数量为 57 件。排名第四的为巴斯夫欧洲公司，有效专利数量为 44 件。南京林业大学的有效专利也较多，为 43 件。排名前十的申请人中，希乐克公司和宝洁公司的有效专利分别为 13 件和 18 件，浙江理工大学、金伯利-克拉克环球有限公司和比奥特克生物自然包装股份有限公司的有效专利数量均不超过 10 件，其余大部分专利均已经失效。

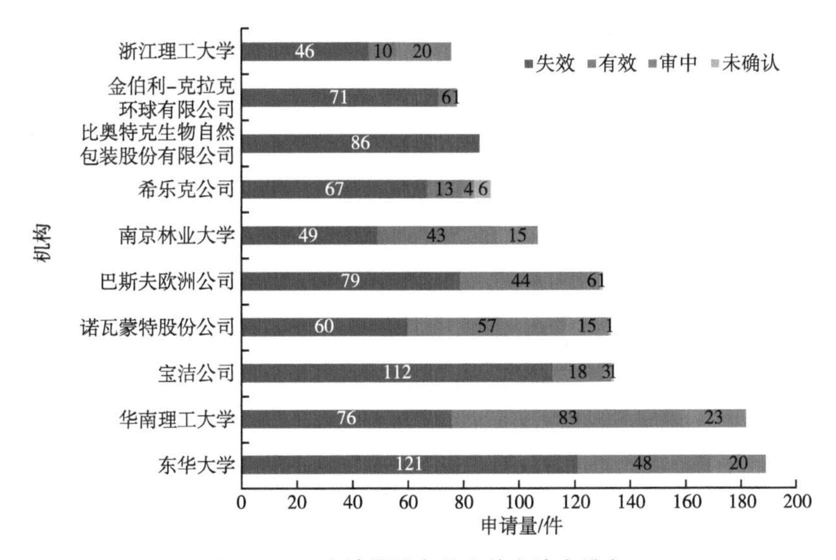

图 2-25　申请量排名前十的申请人排名

图 2-26 为天然纤维素基生物可降解材料技术领域的全球专利申请中，申请量排名前十的申请人的申请趋势。东华大学、华南理工大学、南京林业大学、浙江理工大学近些年来一直持续有相关专利申请，是天然纤维素基生物可降解材料技术领域的重要申请人。巴斯夫欧洲公司和希乐克公司，在 2008—2018 年申请的相关专利数量较多，此后的相关专利申请较少。宝洁公司 2017 年之后断断续续在天然纤维素基生物可降解材料技术领域申请专

利。诺瓦蒙特股份公司断断续续有相关专利申请，2020 年也有 5 件相关专利申请。金伯利-克拉克环球有限公司，在天然纤维素基生物可降解材料技术领域，近 20 年申请的专利数量均较少，近 5 年均无专利申请。而比奥特克生物自然包装股份有限公司近 20 年均无相关专利申请。申请量排名前十的申请人中，有 4 个中国申请人和 6 个国外申请人。中国申请人均为大学申请人，国外申请人均为企业申请人。可见，中国的主要研发人员为学术研究，而国外的研发主要为企业研发。就申请趋势来看，中国申请人在天然纤维素基生物可降解材料技术领域近些年的研发热情相对较高。而国外申请人，近些年则对天然纤维素基生物可降解材料技术领域的研发热度相对较低一些，国外企业中，可以重点关注宝洁公司、诺瓦蒙特股份公司和巴斯夫欧洲公司。

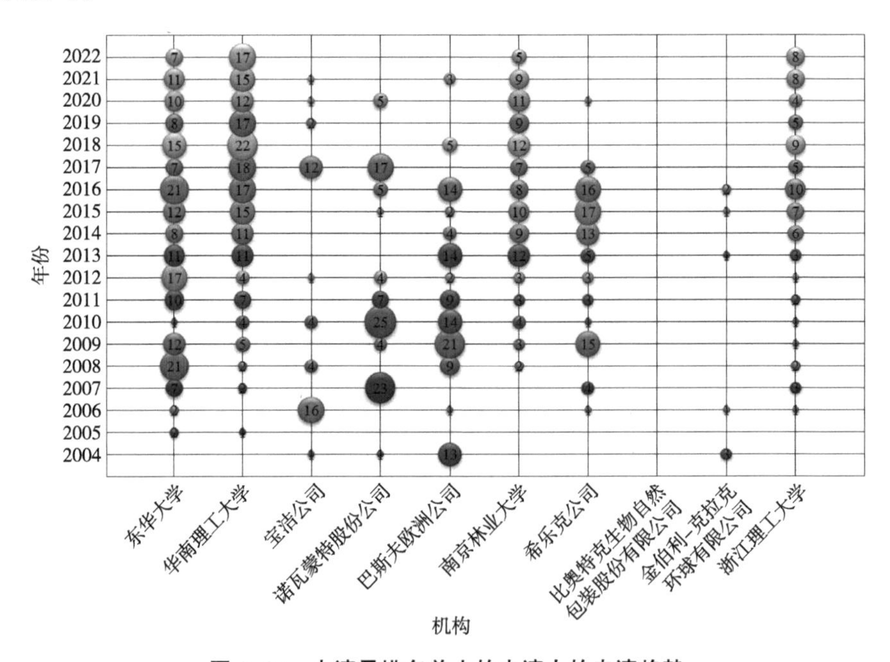

图 2-26　申请量排名前十的申请人的申请趋势

图 2-27 为天然纤维素基生物可降解材料技术领域申请量排名前十的申请人在各国的专利布局情况。中国申请人包括东华大学、华南理工大学、南京林业大学、浙江理工大学，主要都在中国进行专利申请。其中，华南理工大学还在美国布局了专利申请。可见，中国申请人主要重视中国市场，对国外市场关注较少。国外申请人则非常重视在全球主要国家/地区的专利布局。

诺瓦蒙特股份公司和希乐克公司在中国、美国、世界知识产权组织、欧洲、日本、加拿大、澳大利亚等国家/地区均布局了相关专利申请，巴斯夫欧洲公司、宝洁公司、比奥特克生物自然包装股份公司、金伯利-克拉克环球有限公司还在韩国和德国布局了相关专利申请。

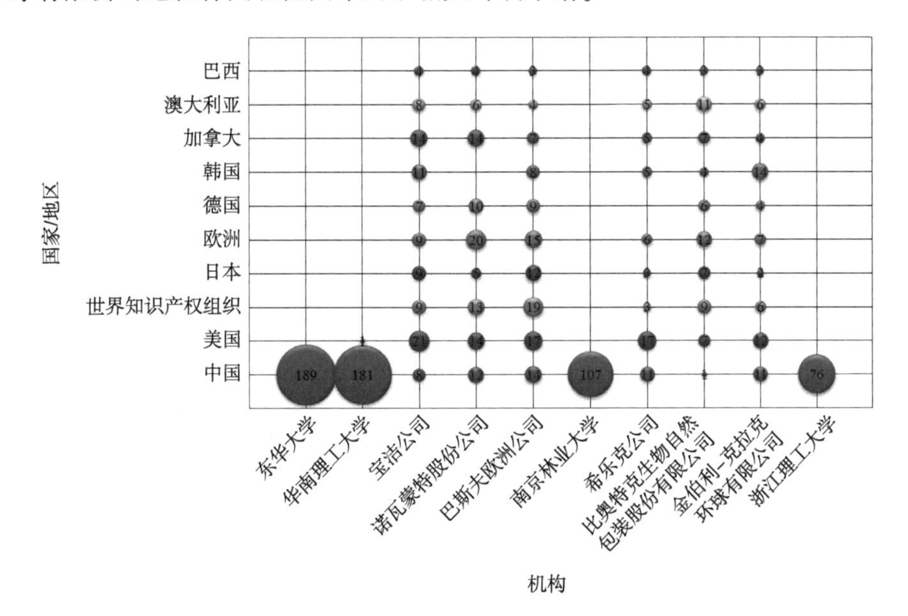

图 2-27　申请量排名前十的申请人在各国的专利布局情况

图 2-28 为天然纤维素基生物可降解材料技术领域中国申请人中申请量排名前十的申请人情况及其专利法律状态。申请量前十的申请人中，有 9 个申请人为大学，只有 1 个为企业。可见，中国申请人中，在天然纤维素基生物可降解材料技术领域，以学术研究为主。从各申请人的专利法律状态来看，东华大学、华南理工大学、南京林业大学、金发科技股份有限公司的有效专利数量均较多，有效专利数量在 40 件以上。申请量排名前十的申请人中，大部分申请人处于审理中的专利较多。但是金发科技股份有限公司和江南大学处于审理中的专利较少。

图 2-29 为天然纤维素基生物可降解材料技术领域日本申请人中申请量排名前十的申请人情况及其专利法律状态。排名前十的日本申请人中，大部分申请人在天然纤维素基生物可降解材料技术领域的相关专利申请已经失效。申请人的有效专利数量也在 2 件以下。

图 2-30 为天然纤维素基生物可降解材料技术领域美国申请人中申请量

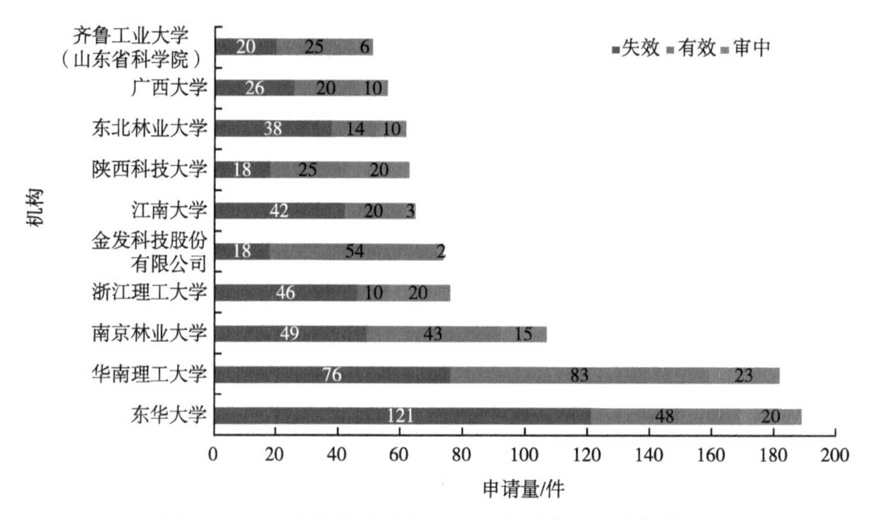

图 2-28　申请量排名前十的中国申请人专利法律状态

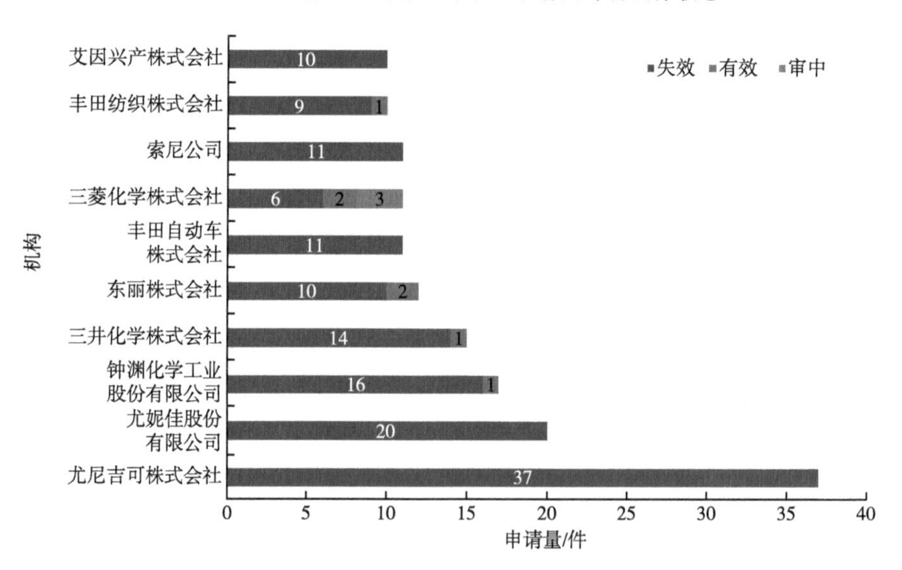

图 2-29　申请量排名前十的日本申请人专利法律状态

排名前十的申请人情况及其专利法律状态。排名前十的美国申请人中，宝洁公司、希乐克公司、金伯利-克拉克环球有限公司、纳慕尔杜邦公司、凯修基工业公司的大部分专利已经失效。宝洁公司、希乐克公司、巴科曼实验室国际公司和国际纸业公司的有效专利数量均在 10 件以上。

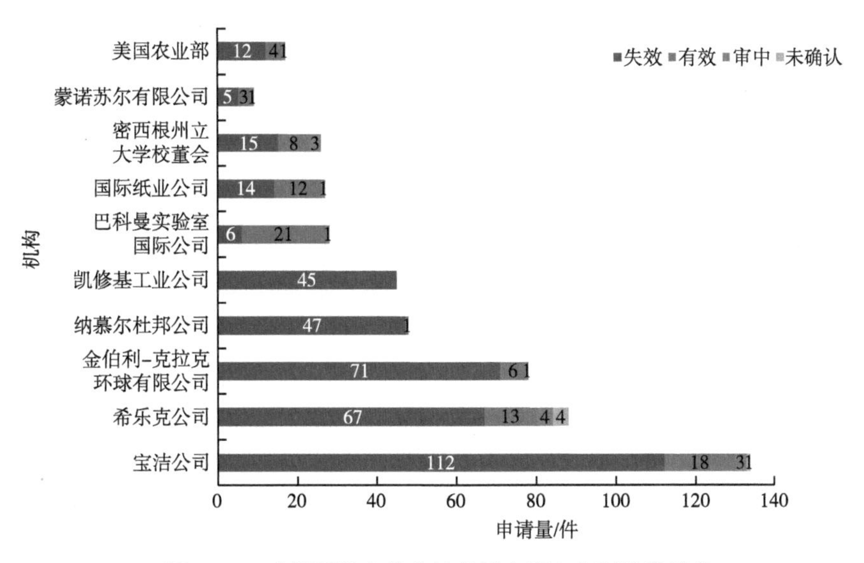

图 2-30 申请量排名前十的美国申请人专利法律状态

2.7 小结

本章对天然纤维素基生物可降解材料的主要技术分支的全球专利态势进行了分析。从申请量趋势、技术分支分布、目标市场分析、各国主要申请人等多个角度进行深入分析，可以得到如下结论。

从申请时间来看，天然纤维素基生物可降解材料技术领域的专利申请起步早，于 1913 年申请第一件相关专利。经历了技术萌芽期、稳定成长期、快速发展期和技术衰退期，在 2018 年达到申请高峰，申请了 1 451 件专利。

从技术构成来看，天然纤维素基生物可降解材料技术领域的 4 个一级技术分支中，天然纤维原料相关的专利申请量最多，降解方式的专利数量最少。

天然纤维原料技术领域，2017 年专利申请数量达到顶峰。2018 年开始，专利申请数量开始下降，该技术已经进入了衰退期。其二级技术分支中，以木纤维为天然纤维材料原料的专利数量最多，有 6 000 多件。以麻纤维和竹纤维为天然纤维材料原料的专利数量分别有 3 000 多件。

可降解聚合物技术领域，2017 年专利申请数量达到顶峰。2018 年开始，专利申请数量开始下降，该技术已经进入了衰退期。其二级技术分支中，天然来源聚合物的专利申请数量最多，有 4 000 多件；生物合成聚合物的专利申请数量为 2 000 多件；化学合成聚合物的专利申请数量为 1 000 多件。可见，天然纤维素基生物可降解材料的配方中的聚合物主要还是天然来源聚合物。

降解方式技术领域，2017 年专利申请数量达到顶峰。2018 年专利申请数量骤降，2018—2021 年，专利申请数量虽然较 2017 年有所下降，但是专利申请数量较为稳定，每年申请数量均在 500 件以上，该技术已经进入了成熟期。其二级技术分支中，降解方式为生物降解的专利申请数量最多，有 7 000 多件；而水降解方式和光降解方式的天然纤维素基生物可降解材料的专利申请数量较少，都只有 400 多件。

应用技术领域，2017 年专利申请数量达到顶峰。2018 年开始，专利申请数量开始下降，该技术已经进入了衰退期。其二级技术分支中，天然纤维素基生物可降解材料在织物领域的专利申请数量最多；在纸领域的专利数量较多；包装领域、层状物领域、医用领域、汽车领域、农用领域、非织造布领域、卫生用品领域、内饰领域、袋子领域、餐具领域的专利数量依次减少。中国、美国、日本和韩国的专利申请中，主要涉及织物和纸领域。美国、日本和韩国专利申请中，还涉及层状物和较高的比例涉及非织造布领域。

从全球目标市场来看，天然纤维素基生物可降解材料技术领域，中国专利申请数量为 10 283 件，占比为 62.90%。中国在该领域的研究远多于其他国家。美国、世界知识产权组织、日本、欧洲的专利申请数量相对较多。但是，中国申请人申请的天然纤维素基生物可降解材料专利中，96.83%只在中国申请，仅 3.17%的专利向国外申请。美国申请人申请的天然纤维素基生物可降解材料专利中，有 37.46%在美国本国申请，有 62.54%的专利向国外申请。日本申请人申请的天然纤维素基生物可降解材料专利中，有 62%在日本本国申请，有 38%的专利向国外申请。韩国申请人申请的天然纤维素基生物可降解材料专利中，有 71%在韩国本国申请，有 29%的专利向国外申请。可见，美国、日本和韩国的申请人比中国申请人更加关注全球市场。

从法律状态来看，全球专利中，大部分专利均已失效，占比为 62%；有效专利占比为 24%。中国专利中，有效专利占比较少，为 27%；失效专利占比为 57%。美国专利中，失效专利占比为 63%，有效专利占比为 25%。日本专利中，失效专利占比 79%，有效专利占比为 15%。韩国专利中，59%的专利已经失效，有效专利占比 23%。由此可见，在天然纤维素基生物可降解材料技术领域，4 个主要国家/地区中，日本的专利失效比例最高，有效比例最低。中国专利的有效比例最高，欧洲专利处于审理中的专利比例最高。

从技术生命周期来看，天然纤维素基生物可降解材料技术领域，目前发展进入衰退期，参与市场的研发主体逐步减少，专利申请数量也逐步减少。

从申请人排名来看，申请量排名前十的申请人中，有 4 个中国申请人和 6 个国外申请人。中国申请人均为大学申请人，国外申请人均为企业申请人。可见，中国的主要研发人员为学术研究，而国外的研发主要为企业研发。就申请趋势来看，中国申请人在天然纤维素基生物可降解材料技术领域近些年的研发热情相对较高。而国外申请人，近些年则对天然纤维素基生物可降解材料技术领域的研发热度相对较低一些，国外企业中，可以重点关注宝洁公司、诺瓦蒙特股份公司和巴斯夫欧洲公司。从主要申请人的专利地域布局来看，中国申请人在国外布局的专利数量很少。而国外申请人，包括宝洁公司、诺瓦蒙特股份公司、巴斯夫欧洲公司、希乐克公司、比奥特克生物自然包装股份公司、金伯利-克拉克环球有限公司则非常重视在全球主要国家/地区的专利布局。

从中国申请人来看，申请量前十的申请人中，有 9 个申请人为大学，只有 1 个为企业。主要中国申请人以学术研究为主。从各申请人的专利法律状态来看，东华大学、华南理工大学、南京林业大学、金发科技股份有限公司的有效专利数量均较多，有效专利数量在 40 件以上。

从日本申请人来看，排名前十的日本申请人中，大部分申请人在天然纤维素基生物可降解材料技术领域的相关专利申请已经失效。申请人的有效专利数量也在 2 件以下。

从美国申请人来看，排名前十的美国申请人中，宝洁公司、希乐克公司、金伯利-克拉克环球有限公司、纳慕尔杜邦公司、凯修基工业公司的大部分专利已经失效。宝洁公司、希乐克公司、巴科曼实验室国际公司和国际纸业公司的有效专利数量均在 10 件以上。

第3章　中国专利态势分析

3.1　总申请趋势分析

图3-1为天然纤维素基生物可降解材料技术领域中国专利和国外专利申请年度趋势。国外专利申请，天然纤维素基生物可降解材料技术专利申请开始于1913年，此后至1989年呈平缓的上涨趋势；1990—1994年呈快速增长的趋势，此后，专利申请数量呈现出在波动中缓慢增加的趋势。中国专利申请，2003年以前专利申请数量较少，2004年以后专利申请数量快速增长，且在2010年中国专利申请数量迅速超过国外的专利申请数量，迅速增长至2017年，专利年度申请数量达到顶峰，此后专利申请数量开始急剧下降。

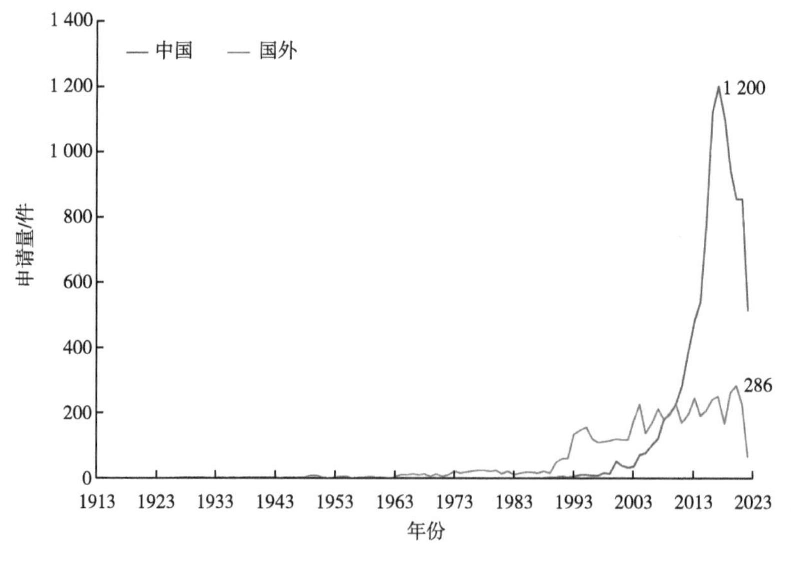

图3-1　中国专利和国外专利申请年度趋势

可见，就中国专利申请数量来看，天然纤维素基生物可降解材料技术领域进入了衰退期。就国外专利申请数量来看，天然纤维素基生物可降解材料技术领域处于成熟期。

3.2 技术构成分布

图3-2显示了中国天然纤维素基生物可降解材料技术领域各技术分支专利申请量分布。从各技术分支专利申请量占比则可以看出业界对各关键技术分支的研发重视程度。

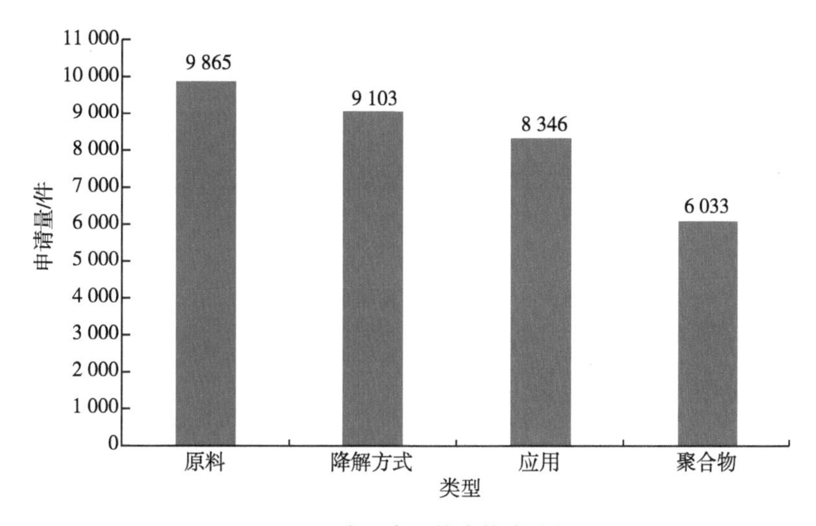

图3-2 中国专利技术构成分析

中国专利申请在4个一级技术分支上的专利分布如下：天然纤维素基生物可降解材料的专利中，原料相关专利申请数量为9 865件，聚合物相关的专利申请数量为6 033件，应用相关的专利申请数量为8 346件，降解方式相关的专利申请数量为9 103件。从图3-2中可以看出，天然纤维素基生物可降解材料的专利技术主要涉及原料、降解方式以及应用等。

图3-3显示了天然纤维素基生物可降解材料技术领域各技术分支专利申请量年度趋势变化。原料技术相关专利申请日期最早，1985年开始就有相关专利申请。从2005年之后，各个技术分支相关的专利申请数量都大幅度增长，且增长趋势基本相同。在2017年，各个技术分支的相关专利申请数量均达到了最多。从2017年开始，各个技术分支的相关专利申请数量又以较快速度下降。

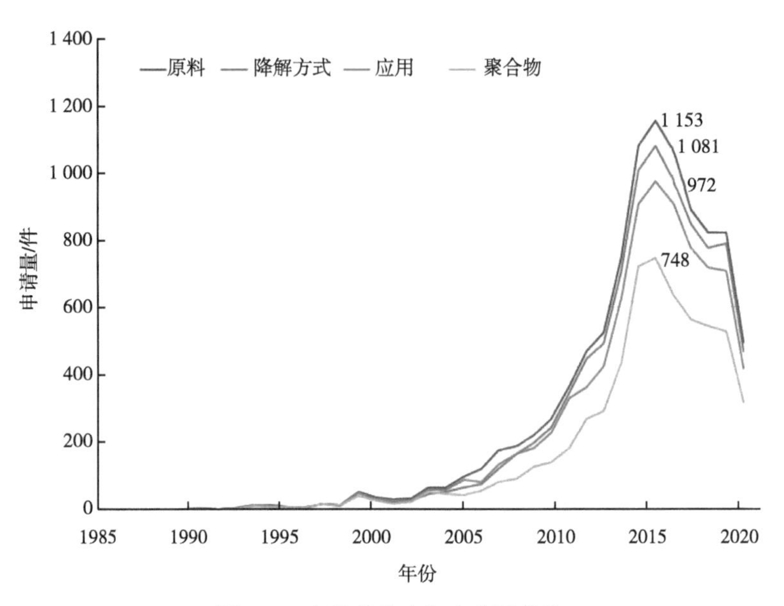

图 3-3 各技术分支年度申请趋势

3.3 专利申请区域分布

图 3-4 显示了天然纤维素基生物可降解材料技术领域中国各个省份的专利申请的情况。国内各省份中，江苏省申请的专利数量最多，占比为 17.81%。申请量第二的为安徽省，占比为 10.32%。申请量第三的是广东省，占比为 10.15%。此外，国外申请人在中国也申请了部分专利，占比为 5.20%。国外申请人中，美国申请人申请的相关专利最多，其次为日本，再次为德国。可见，在天然纤维素基生物可降解材料技术领域，国外申请人中美国申请人更加重视中国市场。

3.4 申请人分析

3.4.1 申请人类型分析

申请人是专利的权属方，也是技术创新的主体。在中国申请天然纤维素基生物可降解材料技术领域专利的申请人包括来自国内外的企业、高等院校和科研机构。图 3-5 显示了天然纤维素基生物可降解材料技术领域申请人类型的情况。在天然纤维素基生物可降解材料技术领域，大部分专利由公司申请，占比为 61%。院校/研究所也申请了大量专利，占比为 27%。申请人为个人的专利申请数量占比为 12%。

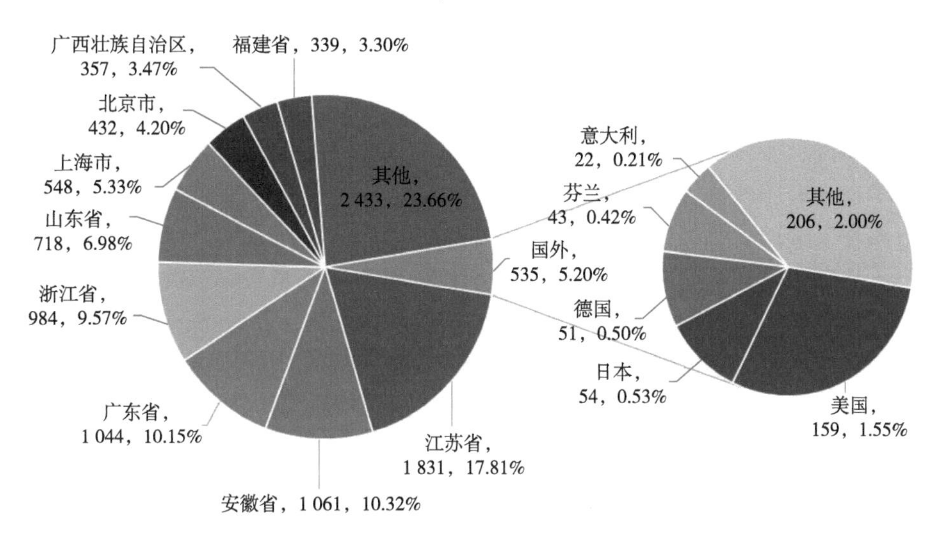

图 3-4　在中国申请专利的申请人所属国家/地区分布

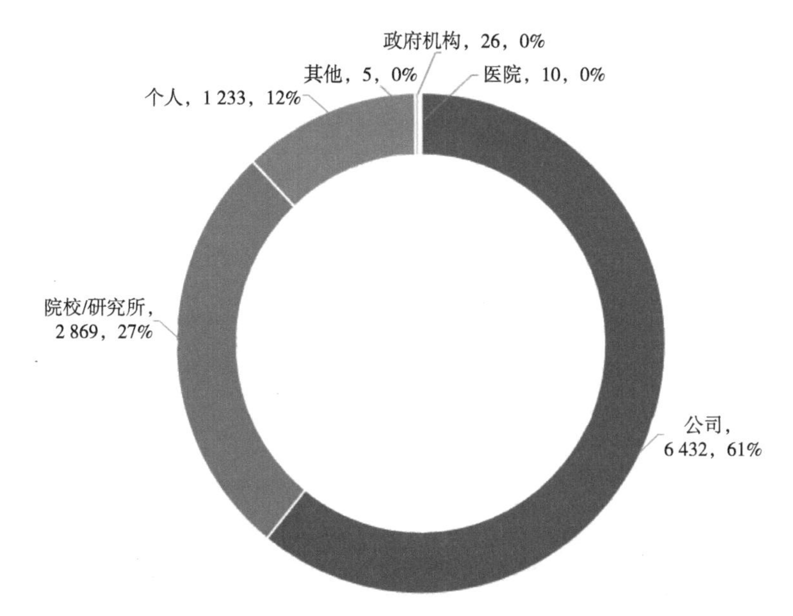

图 3-5　在中国申请专利的申请人类型

3.4.2 申请人数量分析

图 3-6 显示了天然纤维素基生物可降解材料技术领域专利申请量排名前十的申请人情况。在天然纤维素基生物可降解材料技术领域，东华大学专利申请数量最多，第二是华南理工大学，排名第三为南京林业大学。排名前十的申请人还包括浙江理工大学、陕西科技大学、东北林业大学、江南大学、中国林业科学研究院、广西大学和北京林业大学。从排名前十的申请人的类型来看，申请人均为院校/研究所。可见，在天然纤维素基生物可降解材料技术领域，企业未形成大规模的研究。

从有效专利数量来看，华南理工大学有效专利数量最多，第二为东华大学，排名第三的为南京林业大学。从法律状态处于公开状态的专利数量来看，陕西科技大学的专利数量最多，其次为华南理工大学。可见，这几个院校近几年在天然纤维素基生物可降解材料技术领域的研究较多。而江南大学法律状态处于公开状态的专利数量只有 3 件，可见近几年其研究较少。

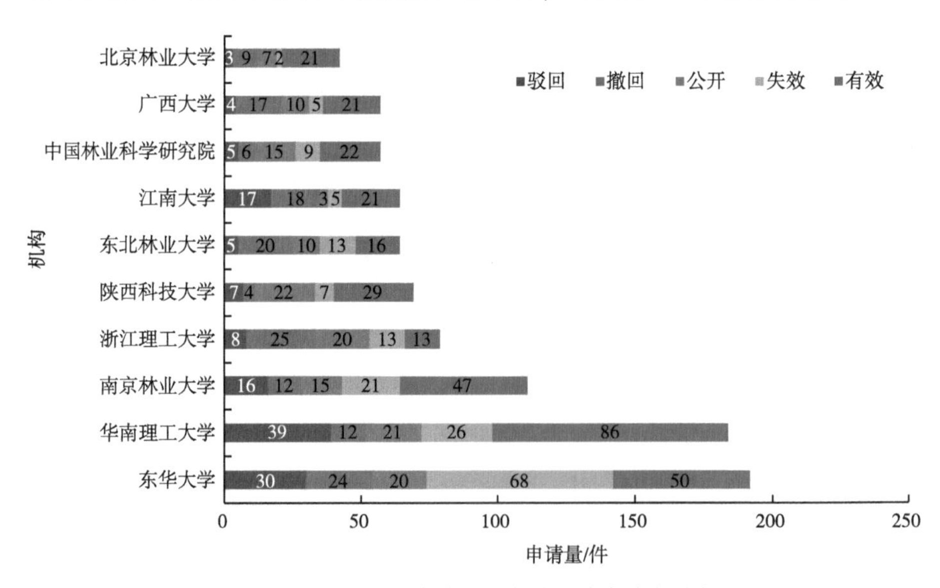

图 3-6 中国专利申请量排名前十的申请人排名

3.4.3 主要申请人技术构成分析

分析主要申请人在不同技术分支的申请量分布，可以了解业界主要创新主体在天然纤维素基生物可降解材料技术领域研发过程中的侧重点和优势所在。图 3-7 显示了申请量排名前十的中国申请人的技术构成。排名前十的申请人中，技术均主要涉及原料和降解方式。华南理工大学和东华大学还在天然纤维素基生物可降解材料的应用上研究较多。

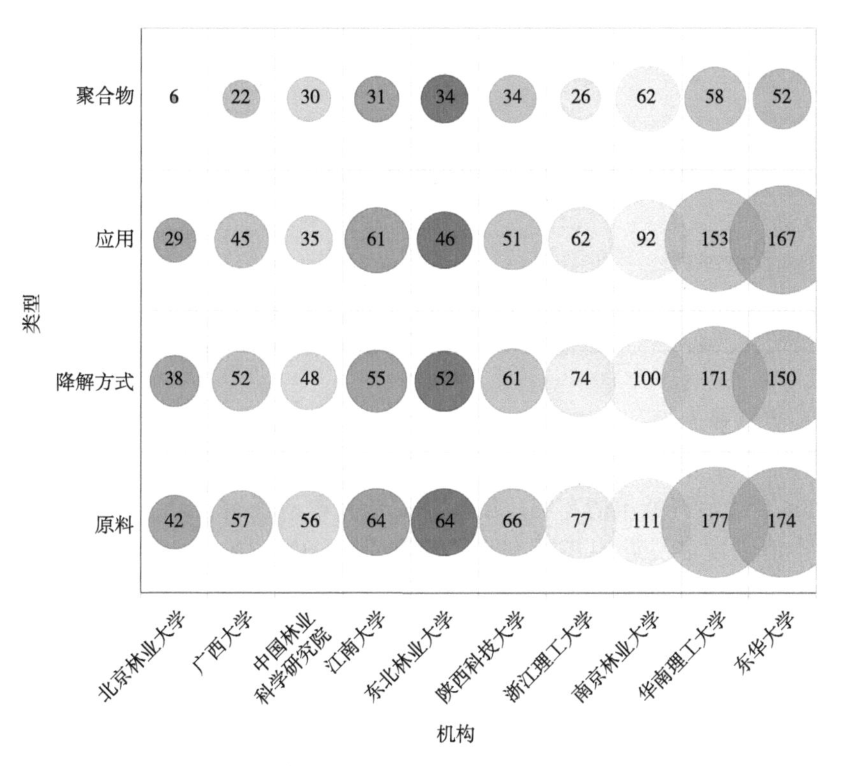

图 3-7　申请量排名前十的中国申请人的技术构成

3.4.4　主要申请人研发活跃度分布

由专利活动所反映的技术研发活跃强度在一定程度上反映了技术研发机构在特定技术领域的研发强度，采用 2018—2022 年申请量与总数量的比值反映近四年的活跃程度。

表 3-1 显示了专利申请量排名前十的申请人的申请年度分布和近四年专利活跃度。东华大学和华南理工大学的专利申请数量分别排名第一和第二，其专利申请开始较早，分别在 2001 年和 2002 年开始相关专利申请。近四年专利活跃度分别为 19.27%和 32.06%。

表 3-1 专利申请量排名前十的申请人近四年专利活跃度

竞争专利申请人	申请量（件）	申请时间范围（年）	近四年申请量（件）	近四年专利活跃度（%）
东华大学	192	2001—2022	37	19.27
华南理工大学	184	2002—2022	59	32.06
南京林业大学	111	2008—2022	34	30.63
浙江理工大学	79	2006—2022	25	31.64
陕西科技大学	69	2004—2022	34	49.27
东北林业大学	64	2007—2022	15	23.43
江南大学	64	2005—2022	16	25.00
中国林业科学研究院	57	1999—2022	24	42.10
广西大学	57	2004—2022	17	29.82
北京林业大学	42	2008—2022	10	23.81

南京林业大学、浙江理工大学、东北林业大学、江南大学、广西大学和北京林业大学，在天然纤维素基生物可降解材料技术领域专利申请较晚，均在 2004 年之后开始申请专利。虽然相关专利申请开始较晚，但是近四年的专利申请量较多，近四年专利活跃度分别为 30.63%、31.64%、23.43%、25%、29.82%、23.81%。

陕西科技大学，在天然纤维素基生物可降解材料技术领域专利申请也较晚，在 2004 年开始申请专利。虽然相关专利申请开始较晚，但是近四年的专利申请量较多，近四年专利活跃度分别为 49.27%。

中国林业科学研究院，在天然纤维素基生物可降解材料技术领域专利申请较早，1999 年开始申请专利。且近四年的专利申请量较多，近四年专利活跃度为 42.10%。

通过上述分析可知，申请量排名前十的申请人中，陕西科技大学和中国林业科学研究院近四年的专利申请量较多，专利活跃度高，可以重点关注。其他主要申请人近四年专利申请量也都较多，需要重点关注。

3.5 小结

本章从申请时间、技术构成、地域分布和申请人等方面对中国专利态势进行了分析，得出以下结论。

从申请趋势来看，中国专利 2003 年以前专利申请数量较少，2004 年以后专利申请数量快速增长，到2017年，专利年度申请数量达到顶峰，此后专利申请数量开始急剧下降，进入了衰退期。而从国外申请趋势来看，1990—1994年呈快速增长的趋势，此后，专利申请数量呈现出在波动中缓慢增加的趋势，处于成熟期。

从技术构成来看，天然纤维素基生物可降解材料的专利技术主要涉及原料、降解方式以及应用等技术上。从2005年之后，各个技术分支相关的专利申请数量都大幅度增长，且增长趋势基本相同。在2017年，各个技术分支的相关专利申请数量均达到了最多。从2017年开始，各个技术分支的相关专利申请数量又以较快速度下降。

从申请区域来看，江苏省申请的专利数量最多，占比为17.81%。第二为安徽省，占比为10.32%。申请量第三的是广东省，占比为10.15%。国外申请人专利申请占比为5.20%。国外申请人中，美国申请人申请的相关专利最多，其次为日本。

从申请人来看，中国专利大部分专利由公司申请，占比为61%。其次，院校/研究所也申请了大量专利，占比为27%。申请人为个人的专利申请数量占比为12%。但是，企业申请人未形成大规模的申请，排名前十的申请人均为院校/研究所。从有效专利数量来看，华南理工大学有效专利数量最多，第二为东华大学，排名第三的为南京林业大学。从主要申请人的技术构成来看，排名前十的申请人中，技术均主要涉及原料和降解方式。华南理工大学和东华大学还在天然纤维素基生物可降解材料的应用上研究较多。从近四年专利活跃度来看，陕西科技大学和中国林业科学研究院的专利活跃度最高。

第4章　重点申请人专利技术分析

本章对全球专利中，申请量排名前四的申请人，法律状态为有效和审理中的专利，合并同族后进行了技术问题和技术分支的分析。

4.1　东华大学专利分析

发明名称	从椰壳纤维中分离管纤维的方法及用途		
公开号	CN106283935B	申请日期	2016-08-16
同族	无	法律状态	有效
摘要	本发明提供了一种从椰壳纤维中分离管纤维的方法，第一步：将椰壳纤维原料开松，获得纤维团，将所得的纤维团进行煮炼并洗涤，经离心脱水，得到洁净椰壳纤维；第二步：将洁净椰壳纤维加入到质量浓度为5~12 g/L的氢氧化钠溶液中，固液浴比为1：(15~30)，在60~98 ℃的水中预浸20~60 min，搅拌并同步超声波震荡处理0.2~3 h，重复进行真空抽滤、加入去离子水洗涤和真空抽滤2~4次，得到溶胀分离的椰壳纤维絮体，其中含有从椰壳纤维中分离出的单细胞管纤维；第三步：将第二步所得的椰壳纤维絮体在85~115 ℃烘箱中烘干10~30 min，得到椰壳纤维絮片，其中含有从椰壳纤维中分离出的单细胞管纤维		
技术问题	现有技术中未涉及椰壳纤维中管纤维的分离		
技术分支	天然纤维；制备工艺		

发明名称	一种育秧膜及其制备方法		
公开号	CN109137260A	申请日期	2018-10-10
同族	无	法律状态	有效
摘要	本发明公开了一种育秧膜及其制备方法。所述育秧膜为一种由超短麻纤维和粗长麻纤维组成的麻纤维网经粘合剂固结而成的麻类非织造材料。制备方法为：将粘合剂加到正面喷洒和反面喷洒的两个超声波喷涂装置的计量泵中；将超短麻纤维和粗长麻纤维按比例称重混合开松，通过沟槽式喂入辊进入刺辊机中再次开松，在气流成网机正压气流的作用下从刺辊分离吹落到铺网帘上，得到麻纤维网；将粘合剂喷洒到麻纤维网的正面、反面，烘燥后，即得育秧膜。本发明的粘合剂配方，具有易降解、湿强度高等优点，还可以直接利用蚕丝脱胶废水，具有废物循环利用的优点		
技术问题	如何将超短麻纤维加工成低成本的育秧膜用麻类非织造材料，是目前的行业难题		
技术分支	天然纤维；制备工艺；应用-育秧膜；生物降解		

发明名称	一种绿色包装袋用黄麻非织造布及其制备方法		
公开号	CN112853607A	申请日期	2020-12-29
同族	无	法律状态	有效
摘要	本发明涉及一种绿色包装袋用黄麻非织造布及其制备方法，以黄麻纤维、聚己二酸对苯二甲酸丁二醇酯（PBAT）短纤维和粘胶纤维为原料制备非织造布，原料中黄麻纤维的质量含量不低于50%，PBAT短纤维的质量含量不低于10%，非织造工艺中热轧定型的温度为115~118 ℃，热轧速度为25~45 m/min，轧辊线压力为200~400 N/cm；制得的绿色包装袋用黄麻非织造布中，黄麻纤维、粘胶纤维和PBAT短纤维在内层相互缠结、加固，同时非织造布表层熔融的PBAT短纤维对黄麻、粘胶纤维有粘结作用，使得黄麻非织造布表面光洁，具有优良的断裂强力、顶破强力和耐磨指数		
技术问题	现有技术制造的非织造布硬挺度大，不利于包装袋的应用		
技术分支	天然纤维原料；制备工艺；生物降解；聚合物；应用-包装		

发明名称	一种剑麻湿法水刺可降解非织造布及其制备方法		
公开号	CN112877904A	申请日期	2020-12-29
同族	无	法律状态	审理中
摘要	本发明涉及一种剑麻湿法水刺可降解非织造布及其制备方法，其特征是：先将柔软预处理后的剑麻纤维打成浆与PHBV短纤维混合制得混合纤维浆液，最后采用湿法成网、水刺工艺和热轧定型制备剑麻湿法水刺可降解非织造布，混合纤维浆液中，混合纤维的质量分数为1%~5%，余量为水；混合纤维中，PHBV短纤维的质量含量不低于20%；热轧定型时，热轧温度为135~142℃，输网帘速度为25~45 m/min，压辊线压力为300~500 N/cm；制得的剑麻湿法水刺可降解非织造布的面密度为50~70 g/m^2，横向断裂强力为60~80 N，纵向断裂强力为55~70 N，顶破强力为50~85 N，耐磨指数为90~105次/mg。本发明的方法工艺简单，且制造的非织造材料，可完全生物降解，具有良好的力学性能		
技术问题	现有墙纸使用漂白化学木浆生产原纸，再经不同工序的加工处理（如涂布、印刷、压纹或表面覆塑），所得产品强力不足，易发生刮擦、破损		
技术分支	天然纤维原料；制备工艺；生物降解；聚合物		

发明名称	一种苎麻纳米纤维素疏水化改性的方法		
公开号	CN104004104B	申请日期	2014-05-20
同族	无	法律状态	有效
摘要	本发明提供了一种苎麻纳米纤维素疏水化改性的方法，首先对苎麻纳米纤维素和木聚糖进行预处理，然后使苎麻纳米纤维素与木聚糖进行改性反应，将浸泡润湿后的苎麻纳米纤维素加入到硬木木聚糖溶液中，放入超声波中分散，并机械搅拌，再将混合物进行离心分层，将上层清液转移，剩余的浓缩后的苎麻纳米纤维素悬浮液采用液氮真空冷冻干燥成型，得到疏水化改性后的苎麻纳米纤维素。本发明利用硬木木聚糖的乙酰化作用，对苎麻纳米纤维素进行疏水化改性，降低植物纤维的极性和亲水性，抑制纳米纤维素的团聚作用，提高与疏水性树脂的界面相容性和粘结性。方法简单高效，重复性好，工艺过程及所用改性试剂绿色环保，具有重要的科学意义与可观的应用前景		
技术问题	纳米纤维素表面改性常用的主要方法有等离子体处理、碱处理、偶联剂处理、氧化处理、接枝聚合、热处理等。这些方法均存在一定程度的缺陷与不足，有的要求特殊设备，有的工艺要求高，有的易损伤纤维，有的易残留化学有害物质，且这些改性方法，绝大多数要在甲苯、四氢呋喃等毒性较大的有机溶剂中进行，反应条件苛刻，反应路线复杂，工业化实施成本高		
技术分支	天然纤维原料；制备工艺；生物降解；聚合物-木聚糖		

发明名称	一种碳纤维前驱体木质素/聚乳酸纤维的制备方法		
公开号	CN104911745B	申请日期	2015-05-29
同族	无	法律状态	有效
摘要	本发明涉及一种碳纤维前驱体木质素/聚乳酸纤维的制备方法，包括：将纯化后的木质素粉末、聚乳酸切片在真空烘箱中进行间歇式热处理，将热处理后的木质素粉末和聚乳酸切片混合，在160~250 ℃下经双螺杆造粒得到木质素/聚乳酸复合母粒；将干燥后的木质素/聚乳酸复合母粒在190~250 ℃下经熔融纺丝机纺丝，得到碳纤维前驱体木质素/聚乳酸复合纤维。本发明提供的碳纤维前驱体木质素/聚乳酸纤维具有原料可再生、纤维品质优良、所得纤维直径小、强度高、成本低、可进行连续化生产等优点，有望经碳化后作为增强材料应用于汽车、高铁、建筑、体育用品等领域，市场前景广阔		
技术问题	碳纤维由于具有优异的力学性能和服役性能而被广泛应用于航空航天、国防建设等高端领域，而在民用领域鲜有涉及，究其原因主要是因为所生产碳纤维的成本较高		
技术分支	天然纤维原料；制备工艺；生物降解；聚合物		

发明名称	载银细菌纤维素水凝胶抗菌敷料制备方法及其制品		
公开号	CN101708341B	申请日期	2009-12-11
同族	无	法律状态	有效
摘要	本发明公开了一种载银细菌纤维素水凝胶抗菌敷料制备方法及其制品，将细菌纤维素水凝胶膜在银金属前驱体溶液中浸泡，然后在高压灭菌锅中加热至121~135 ℃并加压0.205~0.313 MPa，静置处理5~30 min，再将处理后的细菌纤维素取出洗涤、部分脱水、包装、灭菌，即得到由银金属纳米颗粒与细菌纤维素复合而成的细菌纤维素三维多孔网络结构中附着0.01%~10%（质量分数）的银金属纳米颗粒的载银细菌纤维素水凝胶抗菌敷料。本发明制备过程简单易行、操作方便、制备技术可控、无污染、成本低；所制备的纳米颗粒纯度高、纳米颗粒粒径小、尺寸均一、分散性好。得到的载银细菌纤维素水凝胶抗菌敷料具有抗菌性能好、含水率高、保水性好、韧性强、透气性好等特点，能满足湿法治疗各种创伤的要求		
技术问题	目前细菌纤维素复合纳米银的制备主要以化学处理法为主，采用硼酸钠、肼、羟基肼等强还原剂还原银化合物。得到的复合材料均具有较好的抗菌性能。但对于医用敷料制备而言，应避免强还原剂的使用，为此需要寻找更适合的合成方法及工艺路线		
技术分支	天然纤维原料；制备工艺；生物降解		

发明名称	一种自愈性多糖水凝胶的制备方法		
公开号	CN105622961B	申请日期	2016-03-15
同族	无	法律状态	有效
摘要	本发明涉及一种自愈性多糖水凝胶的制备方法，包括：将纤维素加入到离子液体中，溶解，然后冷却至室温，得到纤维素溶液；将上述纤维素溶液加热，通氮气保护条件下，滴加入乙酰乙酸叔丁酯，然后恒温反应，冷却至室温，提纯，真空干燥，得到乙酰乙酸纤维素；室温条件下，将壳聚糖溶液加入到乙酰乙酸纤维素溶液中，振荡混合，即得。本发明制备的多糖水凝胶在具备自愈性的同时，还具备 pH 响应性。本发明提出的制备方法，工艺简单、原料丰富，适合大多数多糖衍生物的改性，同时由于纤维素和壳聚糖良好的生物相容性，所制备的多糖水凝胶在组织工程修复、药物控释释放和生物仿生等领域中具备良好的应用前景		
技术问题	利用亚胺键（席夫碱）制备自愈性多糖水凝胶，近年来受到研究者们的广泛关注，主要是利用氨基和醛基在室温下无须外界刺激便可快速形成含有动态化学键亚胺键的水凝胶。然而，大部分研究报道选择高碘酸钠作为氧化剂将聚合物上相邻的羟基转化为一对醛基官能团，由于高碘酸钠的强氧化性，反应过程中会造成聚合物的大量降解，同时氧化速度过快从而导致产物氧化程度不够均匀，反应的可控性较差		
技术分支	天然纤维原料；制备工艺；生物降解		

发明名称	以废弃椰壳纤维制备亚微米螺旋纤维的方法及用途		
公开号	CN106149440B	申请日期	2016-08-16
同族	无	法律状态	有效
摘要	本发明提供了一种以废弃椰壳纤维制备亚微米螺旋纤维的方法，其特征包括：将洁净椰壳纤维加入到质量浓度为 6~12 g/L 的氢氧化钠溶液中，在 60~98 ℃下预浸 10~60 min，搅拌并同步超声波震荡 0.2~2 h 后，重复进行挤压脱水和用水洗涤 1~3 次，得到椰壳纤维絮网；将椰壳纤维絮网采用罗拉对组进行挤压脱液和多级牵伸处理使单细胞管纤维展开成亚微米螺旋纤维，用水洗涤，使洗液呈微碱性至中性，干燥，得到亚微米螺旋纤维絮体。所得亚微米螺旋纤维可直接用于高弹、高膨松纤维膜的制备而作为过滤膜或生物医用材料；或用于纤维素基质的增弹、增强而制备纯纤维素弹性复合膜；或用于增弹、增强其他高聚物基质制备弹性复合膜；或与其他纤维混纺成纱制成高弹、高膨松的织物		
技术问题	现有技术未能将管纤维从椰壳纤维中逐一分离开来，更无通过牵伸方法获得亚微米粗细的如弹簧结构的晶带纤维		
技术分支	天然纤维原料；制备工艺；生物降解		

发明名称	一种连续纤维素气凝胶纤维及其制备方法		
公开号	CN105970325B	申请日期	2016-06-24
同族	无	法律状态	有效
摘要	本发明提供了一种连续纤维素气凝胶纤维及其制备方法。所述的制备方法包括将纤维素分散于分散剂中，得到纺丝原液；将纺丝原液挤出到凝固浴中进行湿法纺丝，得到纤维素凝胶纤维；将纤维素凝胶纤维在凝固浴中卷绕后，浸入陈化液中陈化；将陈化后的纤维素凝胶纤维洗涤至中性，干燥，得到连续纤维素气凝胶纤维。本发明的方法具有原料便宜易得、制备过程简单且绿色无污染、可纺性好的特点，解决了纤维素气凝胶难以纺制成纤的难题。本发明制备的纤维素气凝胶纤维直径小于 120 μm，具有高比表面积（≥88 m^2/g）、高孔隙率（≥85%）、低密度（≤0.2 g/cm^3）的特征，同时纤维比表面积可调，可用于功能服装、传感、催化剂负载及吸附过滤、化妆品、生物医疗等领域		
技术问题	现有技术制备的气凝胶纤维存在纤维较粗的问题		
技术分支	天然纤维原料；制备工艺；生物降解；应用-医用		

发明名称	一种对大麻纤维进行生物和化学联合一次脱胶的方法		
公开号	CN108193289B	申请日期	2018-03-19
同族	无	法律状态	有效
摘要	本发明涉及一种对大麻纤维进行生物和化学联合一次脱胶的方法，其具体为：将大麻原麻浸入温度为 45~60 ℃、pH 值为 4.5~5.5 的脱胶溶液中脱胶后取出残胶率为 8%~15%、纤维细度为 5.00~15.00 dtex、长度为 8.00~16.00 cm、拉伸强度为 45~90 cN 的大麻纤维；脱胶溶液为含漆酶、半纤维素酶及 2,2,6,6-四甲基哌啶氮氧化物的乙酸-乙酸钠缓冲溶液，脱胶溶液可重复使用 5~8 次。本发明结合生物和化学脱胶方法进一步脱胶，节省时间成本，避免了强酸强碱的处理，绿色环保，对纤维造成损伤小，制得的大麻纤维强度高、纤维分离度大、比较柔软、可纺性能好		
技术问题	在大麻生物酶脱胶的实际应用中，存在生物酶活性难以检测和控制、生物酶的生产和保存困难等问题，此外，复合酶处理作用时间长、每种酶的作用时间不统一、酶活发挥最大效益的条件难以统一。上述技术问题导致大麻生物酶脱胶难以实现批量化生产		
技术分支	天然纤维原料；制备工艺；生物降解		

发明名称	一种利用铺网—抄造联合法制备环保型麻地膜的方法		
公开号	CN107996233B	申请日期	2017-12-18
同族	无	法律状态	有效
摘要	本发明涉及一种利用铺网—抄造联合法制备环保型麻地膜的方法，包括：落麻分级；短纤维与果胶、聚丙烯酰胺、水配成浆液；长纤维开松，铺网，得到长纤维网；将浆液渗到长纤维网上，滤去余液，滚压，喷洒固化液，烘干，喷涂有机硅乳液；热压光处理，即得。本发明所使用的原料为麻纺厂废料，做到了麻纺废弃物的循环利用，果胶是一种广泛存在的农产品，也是原麻作物粘合纤维素的成分之一，用作麻地膜的粘合剂，是对农产品的一种再利用，对我国农业的可持续发展具有重要意义；本发明将非织造铺网技术和抄造技术复合，能够制备可降解、低成本、环保的麻地膜，解决了塑料地膜的难降解问题		
技术问题	生物降解塑料地膜的生产成本高，无法大面积推广使用。因此，开发低成本的、可自然降解的地膜成为当务之急		
技术分支	天然纤维原料；制备工艺；生物降解；应用-麻地膜		

发明名称	一种苎麻氧化脱胶过程中制备止血用氧化纤维素的方法		
公开号	CN106478825B	申请日期	2016-10-20
同族	无	法律状态	有效
摘要	本发明提供了一种苎麻氧化脱胶过程中制备止血用氧化纤维素的方法，以苎麻原麻为原料，先将原麻粉碎成短纤维，浸泡使其充分润湿溶胀；然后将预处理过的原麻短纤维与脱胶溶液混合，升温后保温，利用特定氧化剂的氧化性充分去掉原麻中的胶质，同时把带有活泼羟基的纤维素氧化成含有大量羧基的氧化纤维素；将氧化处理后的纤维用有机溶剂水溶液浸泡，除去未反应的氧化剂；最后将氧化纤维素与水分离，并干燥处理，最终得到粉态的止血用氧化纤维素。本发明提供的方法流程简单，将原有的两道工序合为一道工序，使总反应时间缩短，节约药品和成本，效率大大提高。所得产品止血速度快、止血效率高、效果稳定，可广泛适用于战伤、创伤等状况的快速止血		
技术问题	目前临床上用作止血纱布的氧化纤维素商用产品为美国强生公司的速即纱（SURGICEL），但其产品现有形态不利于与其他产品结合，且生产工艺比较复杂，成本高，价格昂贵，生产过程中氧化液浪费严重，亟待开发更好的替代产品，探究更优的医用止血氧化纤维素制备工艺是一个迫切的命题		
技术分支	天然纤维原料；制备工艺；生物降解；应用-医用		

发明名称	一种纳米纤维素凝胶基保水缓释肥料及其制备方法		
公开号	CN111533613A	申请日期	2020-03-25
同族	无	法律状态	有效
摘要	本发明涉及一种纳米纤维素凝胶基保水缓释肥料及其制备方法。该肥料是以纳米纤维素或氧化纳米纤维素为基质，吸附肥料水溶液后得到。该方法包括：将纳米纤维素或氧化纳米纤维素与肥料水溶液混合，吸附肥料水溶液。该方法工艺简单，易于操作，无特殊生产设备要求，施肥后缓释性能好，保水性能优良，原料易得，绿色环保，可完全环境降解，具有良好的市场应用前景，对农业生产、环境保护等方面都有重要意义		
技术问题	经过农业实践表明，我国对化肥的运用存在化肥施用不合理、肥料利用率不高以及环境污染等问题，因此开发绿色环保的缓释肥料已经成为当今科学研究的热点		
技术分支	天然纤维原料；制备工艺；生物降解；应用-农用		

发明名称	利于分离和回收的麻纤维增强聚丙烯复合材料及其制备		
公开号	CN109910392B	申请日期	2019-02-11
同族	无	法律状态	有效
摘要	本发明提供了一种利于分离和回收的麻纤维增强聚丙烯复合材料，其特征在于，从上到下包括至少三层依次设置的聚丙烯层，相邻两层聚丙烯层之间设置一层麻纤维层，聚丙烯层与麻纤维层之间设置自组装可降解材料。本发明利用自组装可降解材料具有三维开放性结构、孔隙率高、比表面积大、优越的化学吸附性且绿色环保的特点，加强纤维复合材料两种基质的界面连接性能，同时在回收过程中绿色快速高效降解自组装材料，实现少破坏作用下树脂基体与纤维的完整分离		
技术问题	由于麻纤维含有大量的羟基而显亲水性，聚丙烯树脂具有疏水性，两者剪切力较小，界面性能较差。因此，需要借助偶联剂等化学试剂进行表面改性。但是这在一定程度上增加了分离回收树脂的难度，不利于环境的保护		
技术分支	天然纤维原料；制备工艺；生物降解；应用		

发明名称	一种可降解有机磷酸酯类生化毒剂的纤维素/UiO-66-NH_2 多孔材料及其制备方法		
公开号	CN108641118B	申请日期	2018-05-04
同族	无	法律状态	有效
摘要	本发明涉及一种可降解有机磷酸酯类生化毒剂的纤维素/UiO-66-NH_2 多孔材料及其制备方法，以纤维素为基材，与硅烷偶联剂共混，再原位复合 UiO-66-NH_2 制得。制备方法包括：将硅烷偶联剂加入纤维素悬浮液中，得到纤维素-水解硅烷偶联剂悬浮液；置于液氮中冷却，得到冰凝胶；冷冻干燥，烘焙后，得到纤维素多孔材料；加入至锆离子、2-氨基对苯二甲酸、盐酸和 *N*,*N*-二甲基甲酰胺混合溶液中，原位合成，经洗涤、溶剂置换、真空干燥、常压干燥，即得。本发明的纤维素/UiO-66-NH_2 多孔材料可在 *N*-乙基吗啉缓冲溶液中室温下催化降解 G 系列的生化毒剂，且具有良好的机械性能，在催化、环境保护等领域有着潜在应用前景。所述纤维素为木浆纤维素、棉花纤维素、秸秆纤维素、竹纤维素、羧甲基纤维素、羧基化纤维素中的至少一种		
技术问题	纤维素多孔材料是以纤维素作为基材，通过冷冻干燥或超临界干燥将其内部的液体用气体代替得到的一种三维的材料。它具有密度小、孔隙率高、比表面积大等特点，适合作为载体负载各种催化剂，从而扩大催化剂的实际应用，目前采用纤维素多孔材料负载 MOFs 的报道很少		
技术分支	天然纤维原料；制备工艺；生物降解；应用		

发明名称	基于多聚阴离子型纤维素的可吸收止血复合材料及其制备方法		
公开号	CN112773929A	申请日期	2020-12-31
同族	无	法律状态	有效
摘要	本发明涉及一种基于多聚阴离子型纤维素的可吸收止血复合材料及其制备方法。该材料通过以多聚阴离子型纤维素为基材搭建网络结构，再与壳聚糖或者壳聚糖衍生物进行静电吸附自组装或者再与壳聚糖或其衍生物静电自组装负载蛋白多肽得到；或者通过以多聚阴离子型纤维素为基材搭建网络结构，并将壳聚糖微球或者壳聚糖微球和蛋白多肽原位成球，负载在纤维素的表面和网络中得到。该材料具有急性止血、广谱抗菌、促进愈合、体内吸收的特性		
技术问题	虽然氧化再生纤维素有很多优异的性能，但是也有很多弊端，例如比表面积小，止血作用机理单一和止血效率不高，不适用于大量出血；抗菌性能弱，不能有效防止伤口感染；其羧基基团造成的酸性环境会导致一定的细胞毒性；组织相容性低，不能快速促进伤口愈合		
技术分支	天然纤维原料；制备工艺；生物降解；聚合物；应用-医用		

发明名称	一种可降解农用地膜及其制备方法		
公开号	CN109566214B	申请日期	2019-01-07
同族	无	法律状态	有效
摘要	本发明涉及一种可降解农用地膜及其制备方法，所述地膜采用填充质与废纤基网的复合，整体在垂直方向呈密度梯度分布，纤维间以“平行+垂直”交错混合式结构成网。本发明在播种后能起到保温保墒效果，提高作物出苗成活率，且抑制杂草效果明显；在使用后无须特殊处理，可自然降解，或可直接翻耕于土壤中，不影响下一轮作物的种植与生长；不仅可直接用于当季农作物生长，也可用于林果园艺中抑制杂草、促进水肥有效利用、调节土壤结构，尤其适用于盐碱土壤等；由于采用废纤，因此原料易得且成本低		
技术问题	在可降解且降解无害化的前提下，目前急需一种来源广、成本低、非石油基、非粮食基的原料，来制备机械性能良好、对作物生长有益且降解后可堆肥的农用地膜		
技术分支	天然纤维原料；制备工艺；生物降解；应用-农用		

发明名称	一种拒水剑麻非织造布包装袋材料及其制备方法		
公开号	CN112853611A	申请日期	2020-12-29
同族	无	法律状态	有效
摘要	本发明涉及一种拒水剑麻非织造布包装袋材料及其制备方法，先以剑麻短纤维和粘胶短纤维为原料制得针刺纤维网，再将聚氨酯粉末均匀撒在针刺纤维网上表面后热轧，然后再翻转针刺纤维网，在针刺纤维网的另一面撒聚氨酯粉末并热轧，得到拒水剑麻非织造布包装袋材料；原料中剑麻短纤维在所述针刺纤维网中的质量百分比为30%~50%；聚氨酯粉末每次撒粉质量为所述针刺纤维网质量的3%~8%；非织造工艺中热轧定型的温度为85~105 ℃，热轧速度40~50 m/min，轧辊线压力为150~250 N/cm；制得的拒水剑麻非织造布包装袋材料为三层结构，聚氨酯粉末在纤维网上下表面起到粘结作用形成连续无孔隙的拒水膜，使得剑麻非织造布具有拒水性，以及优良的断裂强力、顶破强力和耐磨指数，可以用于拒水包装袋材料		
技术问题	由于剑麻是亲水性纤维，吸湿性强，防水性差，剑麻非织造布材料不具有防水性，难以满足包装袋的使用要求		
技术分支	天然纤维原料；制备工艺；生物降解；应用-包装		

发明名称	一种基于低共熔溶剂的一步苎麻脱胶提取精干麻纤维的方法		
公开号	CN113322525A	申请日期	2021-07-02
同族	无	法律状态	审理中
摘要	本发明公开了一种基于低共熔溶剂的一步苎麻脱胶提取精干麻纤维的方法。本发明的方法包括：制备用作脱胶溶液的低共熔溶剂；将苎麻原麻浸渍在低共熔溶剂中加热蒸煮，充分去掉胶质；将脱胶后的精干麻进行水洗、给油、烘干、开松梳理，得到适用于纺纱的精干麻纤维。本发明的脱胶溶液可重复3~5次用于苎麻脱胶，得到符合纺纱要求的精干麻纤维。本发明的脱胶溶液重复使用后可提取其中的多糖、木质素等成分，并提纯得到低共熔溶剂。本发明所采用的低共熔溶剂可以良好地控制脱胶液的脱胶强度，确保在高效清除胶质成分的同时减小对纤维的损伤，增强纤维的物理机械性能。本发明的苎麻脱胶工艺高效节能、绿色环保并且具有较高的经济价值		
技术问题	经过低共熔溶剂处理后的苎纤维残胶率较高，不能满足后续纺纱工艺的要求，该专利方法无法实现一步脱胶，仍需结合后面碱煮工序来提取优质的精干麻纤维		
技术分支	天然纤维原料；制备工艺；生物降解；应用-织物		

发明名称	一种高质量低污染选择性氧化苎麻脱胶的方法		
公开号	CN114000205A	申请日期	2021-12-06
同族	无	法律状态	有效
摘要	本发明涉及一种高质量低污染选择性氧化苎麻脱胶的方法。该方法包括：将苎麻原麻加入到氧化脱胶液中，氧化反应，得到苎麻，经洗涤后加入到煮炼液中煮炼，然后清洗，加入到还原剂溶液中还原处理，洗涤、上油、干燥。该方法能够缩短脱胶时间，降低废水COD值，得到的苎麻精干麻具有高断裂强度		
技术问题	传统方法采用分步投料的方法，使氧化反应均匀缓和，以减少活性氧初始浓度太高对苎麻纤维造成损伤，提高精干麻产品质量。该方法仍无法避免碱性条件下双氧水的强氧化作用对纤维素的损伤，使得氧化脱胶精干麻的断裂强度低于传统碱煮法		
技术分支	天然纤维原料；制备工艺；生物降解		

发明名称	一种氧化程度可控的苎麻脱胶方法		
公开号	CN114086261A	申请日期	2021-12-06
同族	无	法律状态	有效
摘要	本发明涉及一种氧化程度可控的苎麻脱胶方法。该方法包括：配制氧化脱胶液，控制氧化脱胶液的初始 OPR 值，向氧化脱胶液中加入苎麻原麻，氧化反应，得到苎麻，洗涤后加入到含有脱胶助剂和氢氧化钠的煮炼液中，煮炼，洗涤、上油、干燥。该方法具有缩短脱胶时间和降低废水 COD 值的优势，同时得到高断裂强度的苎麻精干麻		
技术问题	传统方法在氧化脱胶的残液中加入还原软化剂，把脱胶过程中生成的氧化纤维素还原软化，提高了纤维的强度、长度、伸长率和柔软度等物理机械性能，但还原工艺使脱胶总时间延长，同时该工艺制备的精干麻断裂强度低于传统碱煮法制备的精干麻断裂强度		
技术分支	天然纤维原料；制备工艺；生物降解		

发明名称	一种使用氮羟基邻苯二甲酰亚胺苎麻氧化脱胶方法		
公开号	CN114086262A	申请日期	2021-12-06
同族	无	法律状态	审理中
摘要	本发明涉及一种使用氮羟基邻苯二甲酰亚胺苎麻氧化脱胶方法。该方法包括：将苎麻原麻加入到氧化液中，氧化反应，得到苎麻，洗涤，加入到氢氧化钠溶液中煮炼，清洗，加入到还原剂溶液中还原反应，洗涤、上油、干燥。该方法可达到缩短脱胶时间、降低废水 COD 值以及减小精干麻纤维因氧化作用而受损的效果		
技术问题	生物酶脱胶可极大地降低污染排放，但脱胶酶作用单一、价格昂贵，常需在生物酶处理后辅以化学试剂处理完成脱胶。细菌脱胶效率高，但存在菌株筛选和控制难度高的问题。有机溶剂脱胶可循环使用脱胶液，但溶剂成本高		
技术分支	天然纤维原料；制备工艺；生物降解		

发明名称	一种拒水层压黄麻非织造布包装袋材料及其制备方法		
公开号	CN112853609B	申请日期	2020-12-29
同族	无	法律状态	有效
摘要	本发明涉及一种拒水层压黄麻非织造布包装袋材料及其制备方法，以黄麻短纤维与PCL短纤维为原料制备针刺纤维网，作为中间层，上下各平铺一层PCL薄膜进行热轧，制成拒水层压黄麻非织造布包装袋材料；原料中黄麻短纤维在针刺纤维网中的质量分数为50%~70%；非织造工艺中热轧温度为55~60 ℃，轧辊线压力为200~400 N/cm，热轧速度为30~55 m/min；制得的拒水层压黄麻非织造布包装袋材料为三层结构，PCL薄膜粘结在针刺纤维网上下表面，并使得黄麻非织造布具有拒水性；熔融的PCL短纤维与PCL薄膜融合，起到固定PCL薄膜的作用，黄麻短纤维与熔融的PCL短纤维相互粘结，并与未熔融的PCL短纤维相互缠结，使黄麻非织造布具有优良的断裂强力、顶破强力和耐磨指数，可以用于拒水包装袋材料		
技术问题	目前常用的非织造布的加固方式为针刺加固、热轧粘合。针刺加固时刺针会损伤纤维，导致非织造布的强力低，表面粗糙，耐磨性差。目前热轧工艺使用的轧辊温度高于粘结纤维的熔点，纤维间粘结作用增强，但过分熔融会使热熔纤维原纤化结构遭到破坏，非织造布强力降低。包装材料应牢固、耐磨，能适应长途运输、多次装卸，确保产品完整、无损、安全运达目的地，因此对于包装用黄麻非织造布的强力和耐磨性需要提高		
技术分支	天然纤维原料；制备工艺；生物降解；聚合物；应用-包装		

发明名称	一种环保型保温黄麻非织造布包装材料及其制备方法		
公开号	CN112853608B	申请日期	2020-12-29
同族	无	法律状态	有效
摘要	本发明涉及一种环保型保温黄麻非织造布包装材料及其制备方法，以黄麻短纤维与皮芯型聚氨酯短纤维为主要原料制成针刺纤维网，经过热风粘合形成热风粘合纤维网；然后将热风粘合纤维网和聚氨酯薄膜复合，先后经过两对压辊热轧，制成保温黄麻非织造布包装材料；两对压辊热轧复合时，每对压辊中都包含一个常温纤维软辊和一个加热光辊，加热光辊的温度均为80~90 ℃；每对压辊的热轧速度均为30~50 m/min，轧辊线压力均为100~300 N/cm。本发明方法不使用胶粘剂，制得的保温黄麻非织造布包装材料环保性好，并具有优良的力学性能和保温性		
技术问题	现有非织造布与薄膜复合材料制备过程中，为改善界面结合牢度，常采用胶粘剂作为界面层，提升复合材料界面作用。常用胶粘剂酚醛、脲醛、三聚氰胺甲醛中的游离甲醛，不饱和聚酯胶粘剂中的苯乙烯等都会造成环境污染、危害人体健康		
技术分支	天然纤维原料；制备工艺；生物降解；聚合物；应用-包装		

发明名称	一种聚乳酸接枝改性天然纤维和 PLA 复合材料及其制备方法		
公开号	CN111825845B	申请日期	2020-06-23
同族	无	法律状态	有效
摘要	本发明涉及一种聚乳酸接枝改性天然纤维和 PLA 复合材料及其制备方法。该方法包括：将功能性天然纤维、功能性聚乳酸与溶剂混合，加入引发剂，点击化学反应。该方法能够有效改善两相界面，而且简单易行、适用于工业化生产；制备的天然纤维/聚乳酸复合材料、复合纤维具有更加优异的断裂强度、冲击强度和耐热性能		
技术问题	现有技术中将氢氧化钠处理的麻纤维、棉纤维、竹纤维直接与丙交酯混合改性，用于制备聚乳酸复合材料。然而这种“grafting from”的接枝方法通常存在接枝效率低下、接枝聚乳酸链短的缺点，难以发挥增强材料对聚乳酸本体的增强效果		
技术分支	天然纤维原料；制备工艺；生物降解；聚合物		

发明名称	一种医疗卫生用疏水纤维素非织造布及其制备方法		
公开号	CN113445202B	申请日期	2021-06-18
同族	无	法律状态	有效
摘要	本发明涉及一种医疗卫生用疏水纤维素非织造布及其制备方法，制备方法为：对纤维素纤维进行疏水改性后，将纤维素纤维进行梳理成网，采用纤维素非织造布的水刺加固工艺制成非织造布，即得医疗卫生用疏水纤维素非织造布。疏水改性的过程为：将纤维素纤维与异氰酸酯溶液混合后，加热至 60~90 ℃后保温 5~20 min；最终制得的医疗卫生用疏水纤维素非织造布由疏水纤维素纤维交织而成，疏水纤维素纤维为 OH 与异氰酸酯的 NCO 发生化学接枝反应生成氨酯键的纤维素纤维，水接触角为 108°~139°，透气量 ≥2 400 L/（m^2·s），透湿量 ≥9 000 g/(m^2·d)，采用马丁代尔型织物耐磨试验机测得其经 2 000 次磨损后水接触角下降百分比不超过 2.80%。本发明的方法简单，所用改性剂不含氟，环保安全。纤维素纤维为粘胶纤维、莱赛尔纤维、棉纤维、竹纤维、麻纤维和莫代尔纤维中的一种以上		
技术问题	目前所研制的疏水纤维素材料难以适用于医疗卫生领域		
技术分支	天然纤维原料；制备工艺；生物降解；应用-医用		

发明名称	一种含 Porel 纤维的抗菌春夏弹力面料的制备方法		
公开号	CN114959999A	申请日期	2022-06-07
同族	无	法律状态	有效
摘要	本发明涉及一种含 Porel 纤维的抗菌春夏弹力面料的制备方法，以含有色 Porel 纤维的弹性包芯纱为纬纱，以由有色壳聚糖改性棉纤维组成的纱线作为经纱，将经纱和纬纱织造成面料即得含 Porel 纤维的抗菌春夏弹力面料；有色 Porel 纤维为表面包覆有多酚聚合物，且多酚聚合物吸附有铜离子的 Porel 纤维；有色壳聚糖改性棉纤维为染色后的壳聚糖改性棉纤维，壳聚糖改性棉纤维为由壳聚糖改性后的棉纤维。本发明的方法对 Porel 纤维的中空结构的破坏较少，制得的产品具有良好的吸湿导湿性能和抗菌性，且面料的色牢度高、颜色鲜艳，可适用于春夏面料		
技术问题	研究一种含 Porel 纤维的抗菌春夏弹力面料的制备方法，对解决由于春、夏季过度运动导致汗液残留在面料内引起不适以及面料中湿润的环境滋生细菌的问题具有十分重要的意义		
技术分支	天然纤维原料；制备工艺；生物降解；聚合物；应用-织物		

发明名称	一种高强耐磨黄麻非织造布及其制备方法		
公开号	CN112853610B	申请日期	2020-12-29
同族	无	法律状态	有效
摘要	本发明涉及一种高强耐磨黄麻非织造布及其制备方法；该方法是先以黄麻短纤维和 PBS 短纤维为原料制成纤维网，再将聚氨酯粉末均匀撒在纤维网上后进行针刺、热轧定型，制得高强耐磨黄麻非织造布；原料中，PBS 短纤维的质量含量不低于 30%；热轧定型的温度为 105~112 ℃，热轧速度为 15~25 m/min，轧辊线压力为 200~300 N/cm；制得的包括黄麻短纤维、聚氨酯粉末和 PBS 短纤维的非织造布中，熔融的聚氨酯将黄麻短纤维与 PBS 短纤维粘结起来，未熔融的 PBS 短纤维与黄麻纤维之间互相缠结，使非织造布保持一定的柔软度；非织造布面密度为 90~110 g/m^2，横向断裂强力为 100~125 N，纵向断裂强力为 90~105 N，顶破强力为 80~95 N，耐磨指数为 85~100 次/mg		
技术问题	常用热轧粘合非织造布的热轧温度高于粘结纤维熔点，使粘结纤维完全熔融，导致材料硬挺、柔软度差		
技术分支	天然纤维原料；制备工艺；生物降解；聚合物；应用-织物		

发明名称	一种亚麻选择性氧化与碱煮—浴脱胶方法		
公开号	CN115233319A	申请日期	2022-07-21
同族	无	法律状态	有效
摘要	本发明涉及一种亚麻选择性氧化与碱煮—浴脱胶方法，包括：选择性氧化脱胶、脱氧、碱煮和水洗给油。本发明制得的精细化亚麻纤维，残胶率为2.5%~5%，断裂强度为4.5~8.3 cN/dtex，断裂伸长率为4.1%~5.3%，细度为2 200~3 600公支		
技术问题	现有技术中精细化亚麻纤维氧化脱胶时，存在纤维素易氧化降解、残余木质素多、纤维脆硬、断裂伸长率低、氧化剂污染环境、用水量大等问题		
技术分支	天然纤维原料；制备工艺；生物降解		

发明名称	一种骨再生多重仿生支架材料及其制备方法		
公开号	CN112870447B	申请日期	2021-01-08
同族	无	法律状态	有效
摘要	本发明涉及一种骨再生多重仿生支架材料及其制备方法，该方法是以生物活性纳米无机颗粒、水溶性天然蛋白和纳米纤维束的混合溶液为原料，通过包括预冷冻—冷冻处理—冷冻干燥—后处理的工艺流程，制得包括片层材料及分散在片层材料层间的插层结构的骨再生多重仿生支架材料，插层结构由纳米纤维束及其表面均匀且连续分布的生物活性纳米无机颗粒组成；水溶性天然蛋白与所述纳米纤维束的质量比为20：(2~4)；骨再生多重仿生支架材料中，生物活性纳米无机颗粒的含量为20%~35%（质量分数）；本发明的一种骨再生多重仿生支架材料的制备方法，工艺简单、可控性好；制得的骨再生多重仿生支架材料，力学性能、材料表面粗糙度、细胞粘附生长和材料成骨活性好		
技术问题	随着插层材料（纳米纤维束）含量的增加，支架材料的力学强度会出现明显增加。然而，片层间插层数量的明显增加必然会导致支架孔径和孔隙率的显著下降，从而严重影响细胞朝向支架内部的生长和营养物质的快速交换。此外，该方案制备获得的支架材料表面较为平整、细胞在其上的初始粘附也会受到不利影响。截至目前，国内外还未见相关报道或专利来有效调和这一应用矛盾		
技术分支	天然纤维原料；制备工艺；生物降解；应用-医用		

发明名称	一种功能性纤维素类纤维的制备方法		
公开号	CN110172741B	申请日期	2019-02-26
同族	无	法律状态	有效
摘要	本发明涉及一种功能性纤维素类纤维及其制备方法，制备方法为：将纤维素类纤维纺丝液经喷丝头挤出、凝固、拉伸和水洗制得水洗丝，水洗的温度≥90 ℃，再使用温度为40~90 ℃的含功能性助剂的溶液对水洗丝进行处理，最后进行漂洗和干燥制得功能性纤维素类纤维，漂洗的温度为20~40 ℃，功能性助剂含X、Y和Z基团中的一种以上，X、Y和Z基团分别对应为能够与纤维素羟基形成共价键的基团、能够自交联反应的基团和能够与纤维素羟基形成氢键的基团。功能性纤维素类纤维中功能性助剂的质量为纤维素类纤维基体质量的0.1%~15.0%，耐水洗性能优良。本发明方法简单易行，功能性纤维素类纤维的耐久性好		
技术问题	制备功能性纤维素纤维的方法有两种。一是原液添加法，即在纺丝液中添加功能助剂，纺丝制备具有抗菌、阻燃、有色、相变、发热等特性的纤维，该方法为再生纤维素纤维功能化较为常见的技术方法，功能效果显著，但也存在缺点：①添加剂容易残留在纺丝设备和凝固水洗体系中，影响纤维的挤出、成形和溶剂回收利用；②添加剂的分散程度和添加量对纤维的力学性能等会产生不利影响；③生产上批次更换不灵活，过渡丝多，增加生产成本。二是纤维或织物后处理方法，该方法对天然纤维和再生纤维都通用，优点是批量可大可小、生产转换灵活和适应品种多，但缺点是：①通用的处理方法，可能会产生耐久性差的问题；②后整理带给纤维或织物功能的同时，往往会影响纤维和织物的手感、柔软性、透气性，甚至导致纤维或织物发生收缩；③成品的纤维微观结构致密，后处理主要发生纤维表面，能够附加的功能助剂量有限，影响功能性，或者需要进行溶胀或活化提高反应性，且后续反应或处理溶剂仍需处理，无疑增加了工序和处理成本等		
技术分支	制备工艺		

发明名称	一种后负载纳米金属制备具有催化性能的连续纤维素/纳米金属气凝胶纤维的制备方法		
公开号	CN105970613B	申请日期	2016-06-24
同族	无	法律状态	有效
摘要	本发明公开了一种后负载纳米金属制备具有催化性能的连续纤维素/纳米金属气凝胶纤维的方法：将纤维素配制成纺丝原液；在凝固槽内加入酸性溶液、乙醇溶液或丙酮溶液作为凝固浴；将纺丝原液加入到凝固浴中，进行湿法纺丝，得到纤维素凝胶纤维；将获得的纤维素凝胶纤维卷绕，浸入陈化溶液中常温陈化15 min至1 h，用去离子水洗涤至中性，然后浸入到金属盐溶液中，取出后，去除表面溶剂，浸入还原剂中，用去离子水洗涤至中性，然后进行溶剂置换，干燥，即得。本发明制备的具有催化性能的连续纤维素/纳米金属气凝胶纤维具有丰富的孔洞和高的比表面积，同时纤维比表面积、纤维中纳米金属含量可调		
技术问题	纤维状气凝胶材料相比于二维、三维气凝胶材料有着独特的优势。以负载金属钯的气凝胶材料对饮用水中消毒副产物一氯乙酸催化加氢还原为例，一氯乙酸与催化剂钯的接触难易程度决定了材料的催化效率。与块状及薄膜状材料相比，纤维状材料进一步提高了与一氯乙酸的接触面积，同时一氯乙酸在材料内的扩散阻力与传输距离大大降低，使其更易于与催化活性中心钯接触，提高了催化效率，而零维催化材料可能导致在使用过程中的团聚，且不易完全分离，容易造成二次污染。目前关于后负载纳米金属制备具有催化性能的连续纤维素/纳米金属气凝胶纤维的方法还未见报道		
技术分支	天然纤维原料；制备工艺；应用-催化剂		

发明名称	一种后负载碳纳米材料制备连续纤维素/碳纳米材料气凝胶纤维的方法		
公开号	CN106012501B	申请日期	2016-06-24
同族	无	法律状态	有效
摘要	本发明公开了一种后负载碳纳米材料制备连续纤维素/碳纳米材料气凝胶纤维的方法：将纤维素配制成纺丝原液；在凝固槽内加入酸性溶液、乙醇溶液或丙酮溶液作为凝固浴；将纺丝原液加入到凝固浴中，进行湿法纺丝，得到纤维素凝胶纤维；将获得的纤维素凝胶纤维卷绕，浸入陈化溶液中常温陈化15 min至1 h，用去离子水洗涤至中性，然后浸入到碳纳米材料分散液中，取出后多次用去离子水洗涤，然后进行溶剂置换，干燥，即得。本发明的方法具有制备过程简单、可重复性好、绿色无污染的特点，本发明制备的连续纤维素/碳纳米材料气凝胶纤维具有良好的柔韧性，且具有丰富的孔洞和高的比表面积，同时纤维比表面积、纤维中碳纳米材料含量可调，在传感、电容器、电磁屏蔽、功能服装、过滤吸附、催化负载、能量存储等诸多领域具有广阔的应用前景		
技术问题	后负载的方法相比于原位添加增加了后续处理过程，但也避免了因原位添加可能导致的纳米粒子团聚的问题，目前关于后负载碳纳米材料制备连续纤维素/碳纳米材料气凝胶纤维的文献还未见报道		
技术分支	天然纤维原料；制备工艺；应用-电子		

发明名称	一种厚度可变化的性能梯度轻质防刺复合材料制备方法		
公开号	CN114932723A	申请日期	2022-06-08
同族	无	法律状态	审理中
摘要	本发明公开了一种厚度可变化的性能梯度轻质防刺复合材料制备方法，以高性能纤维及生物质纤维为原料，控制材料的化学组成，纤维含有率以及叠合的方式和螺旋角度，采用性能梯度叠合的方式，将断裂比功较大的生物基复合材料和高性能纤维复合材料叠合起来，形成一种性能梯度复合材料的制备方法，在确保不降低防刺效果的前提下减少复合材料的质量，具有板材密度低、价格低、部分可降解、防刺性能好等优点。并通过可拆卸的结构设计，实现防护产品的厚度可调节		
技术问题	目前搭接形成的防刺材料大多数为厚度均一材料，3D打印、弧形结构、球形结构搭接的材料厚度是变化的，然而在动态穿刺的不同进程中能量损耗形式不同，性能梯度材料在厚度方向上配置不同机械性能的材料能达到比均一材料更好的防护效果		
技术分支	天然纤维原料；制备工艺；生物降解；应用-医用		

发明名称	一种基于磷酸溶液再生纤维素膜及其制备方法		
公开号	CN113150337A	申请日期	2021-04-02
同族	无	法律状态	审理中
摘要	本发明涉及一种基于磷酸溶液再生纤维素膜及其制备方法，先将聚合度为500~2 000的纤维素加入浓度为81%~85%（质量分数）的磷酸水溶液中混合均匀，在10~30 ℃条件下放置一段时间，得到浓度为5%~15%的纤维素溶液；再将所述纤维素溶液经过脱泡处理后获得透明纤维素溶液；然后将所述透明纤维素溶液涂覆在基底上，并刮平或压延成凝胶膜后放入凝固浴中对凝胶膜进行预拉伸形成纤维素凝胶膜；最后使用去离子水去除残余的磷酸，自然干燥，得到高强度再生纤维素膜；制得再生纤维素膜，其拉伸强度>150 Mpa。本发明的方法简单环保，制得的再生纤维素膜，具有优异的力学性能和高度透明，在纤维素材料应用领域具有非常大的潜能所述透明纤维素溶液中还加入天然高分子，所述天然高分子为甲壳素、丝素、大豆蛋白、玉米蛋白或脱除二硫键的羊毛角蛋白		
技术问题	再生纤维素膜作为基材将根据所需材料要求进行后加工，基膜也将会与其他高分子材料相互结合构建新型材料，这对再生纤维素膜拉伸强度和断裂功有极大要求。因此，亟待发明一种高强度再生纤维素膜的制备方法来解决问题		
技术分支	天然纤维原料；制备工艺；聚合物；生物降解；应用-包装		

发明名称	一种军用型生物质聚酯纤维及其制备方法		
公开号	CN103668537B	申请日期	2012-09-13
同族	无	法律状态	有效
摘要	本发明公开了一种军用型生物质聚酯纤维及其制备方法。所述的军用型生物质聚酯纤维其特征在于，该军用型生物质聚酯纤维的原料包括军用型母粒1%~5%（质量分数）及余量的生物质聚酯切片。制备方法为：将军用型母粒和生物质聚酯切片进行熔融纺丝，得到军用型生物质聚酯纤维。本发明采用的生物基乙二醇含有一定量的生物基1,3-丙二醇，1,3-丙二醇中含有1个亚甲基，1,3-丙二醇的存在增加了聚酯大分子链段的柔顺性，降低聚酯的熔点，提高了聚酯的亲水性；纳米碳化锆粉体具有高效吸收可见光，反射红外线和储能等特性		
技术问题	乙二醇是合成PET（聚对苯二甲酸乙二醇酯）的重要原料，目前工业上多采用环氧乙烷直接水合法或乙烯合成法来生产。生产成本高，并且消耗大量的原材料和能源，生成很多的副产物。我国是农业大国，有丰富的生物资源。将农作物秸秆、谷壳、玉米芯等植物残体等可再生资源中的大分子多糖用化学降解或生物降解的方法转化为可发酵糖、发酵有机酸和生物多元醇等衍生物。完全以这些发酵产物为原料单体，合成的生物质高分子材料，可以最大限度地节约更多的石油资源，促进循环经济的发展		
技术分支	天然纤维原料；制备工艺；聚合物；生物降解		

<table>
<tr><td>发明名称</td><td colspan="3">一种抗静电型生物质聚酯纤维及其制备方法</td></tr>
<tr><td>公开号</td><td>CN103668539B</td><td>申请日期</td><td>2012-09-13</td></tr>
<tr><td>同族</td><td>无</td><td>法律状态</td><td>有效</td></tr>
<tr><td>摘要</td><td colspan="3">本发明公开了一种抗静电型生物质聚酯纤维及其制备方法。所述的抗静电型生物质聚酯纤维其特征在于，该抗静电型生物质聚酯纤维的原料包括抗静电型母粒 1%~5%（质量分数）及余量的生物质聚酯切片。制备方法为：将抗静电型母粒和生物质聚酯切片进行熔融纺丝，得到抗静电型生物质聚酯纤维。本发明采用的纳米锑掺杂氧化锡具有耐高温、耐腐蚀、分散性好等特点；利用其良好的导电性，作为抗静电剂广泛应用在化纤等领域，在耐活性、热塑性、耐磨性、分散性、安全性等方面远好于其他抗静电材料；生物基聚酯原材料生物基乙二醇以及生物基 1,3-丙二醇由生物发酵、提纯制得，代替了石油基乙二醇，有利于环境保护和可持续发展</td></tr>
<tr><td>技术问题</td><td colspan="3">乙二醇是合成 PET 的重要原料，目前工业上多采用环氧乙烷直接水合法或乙烯合成法来生产。生产成本高，并且消耗大量的原材料和能源，生成很多的副产物。我国是农业大国，有丰富的生物资源。将农作物秸秆、谷壳、玉米芯等植物残体等可再生资源中的大分子多糖用化学降解或生物降解的方法转化为可发酵糖、发酵有机酸和生物多元醇等衍生物。完全以这些发酵产物为原料单体，合成的生物质高分子材料，可以最大限度地节约更多的石油资源，促进循环经济的发展</td></tr>
<tr><td>技术分支</td><td colspan="3">天然纤维原料；制备工艺；聚合物；生物降解</td></tr>
</table>

<table>
<tr><td>发明名称</td><td colspan="3">一种抗原纤化纤维素类纤维的制备方法</td></tr>
<tr><td>公开号</td><td>CN110172754B</td><td>申请日期</td><td>2019-02-26</td></tr>
<tr><td>同族</td><td>无</td><td>法律状态</td><td>有效</td></tr>
<tr><td>摘要</td><td colspan="3">本发明涉及一种抗原纤化纤维素类纤维及其制备方法，制备方法为：将纤维素类纤维纺丝液经喷丝头挤出、凝固、拉伸和水洗制得水洗丝，再用交联剂水溶液对水洗丝进行处理后进行漂洗和干燥制得抗原纤化纤维素类纤维；水洗的温度≥90 ℃，处理时交联剂水溶液的温度为 65~90 ℃，漂洗的温度为 20~40 ℃；交联剂含能够与纤维素羟基形成共价键的基团、能够自交联反应的基团和能够与纤维素羟基形成氢键的基团中的一种以上。制得的抗原纤化纤维素类纤维主要由纤维素类纤维基体以及分散在纤维素类纤维基体内的交联剂组成。本发明的制备方法工艺简单，条件温和；制得的纤维机械性能优良、耐水洗性能优良</td></tr>
<tr><td>技术问题</td><td colspan="3">原纤化是指微纤在湿整理过程中，由于纤维膨胀和机械张力作用，在机械应力作用下沿着纤维纵向发生开裂的现象。纤维的原纤化是由润湿状态下的摩擦产生的。未经抗原纤化处理的纤维在制成织物后容易发生起球，因此对纤维进行抗原纤化处理以提高其使用性能极具现实意义</td></tr>
<tr><td>技术分支</td><td colspan="3">天然纤维原料；制备工艺；生物降解</td></tr>
</table>

发明名称	一种抗紫外型生物质聚酯纤维及其制备方法		
公开号	CN103668538B	申请日期	2012-09-13
同族	无	法律状态	有效
摘要	本发明公开了一种抗紫外型生物质聚酯纤维及其制备方法。所述的抗紫外型生物质聚酯纤维其特征在于，该抗紫外型生物质聚酯纤维原料包括以质量百分比计的抗紫外型母粒1%~5%（质量分数）及余量的生物质聚酯切片。制备方法为：将抗紫外型母粒和生物质聚酯切片进行熔融纺丝，得到抗紫外型生物质聚酯纤维。本发明中的生物基聚酯原材料生物基乙二醇以及生物基1,3-丙二醇由生物发酵、提纯制得，代替了传统的石油基乙二醇，有利于环境保护和可持续发展；纳米氮化钛，粒径小，比表面积大，具有抗紫外的功效		
技术问题	乙二醇是合成PET的重要原料，目前工业上多采用环氧乙烷直接水合法或乙烯合成法来生产。生产成本高，并且消耗大量的原材料和能源，生成很多的副产物。我国是农业大国，有丰富的生物资源。将农作物秸秆、谷壳、玉米芯等植物残体等可再生资源中的大分子多糖用化学降解或生物降解的方法转化为可发酵糖、发酵有机酸和生物多元醇等衍生物。完全以这些发酵产物为原料单体，合成的生物质高分子材料，可以最大限度地节约更多的石油资源，促进循环经济的发展		
技术分支	天然纤维原料；制备工艺；聚合物；生物降解		

发明名称	一种可用于废水处理的纤维素基吸附絮凝材料的制备方法		
公开号	CN115073669A	申请日期	2022-06-30
同族	无	法律状态	有效
摘要	本发明涉及一种可用于废水处理的纤维素基吸附絮凝材料的制备方法。该方法包括：将纤维素加入到氢氧化钠/尿素水溶解体系中，搅拌，得到纤维素溶液，加入丙烯酰胺、引发剂和交联剂，搅拌反应，加入甲醛，继续搅拌，加入环氧氯丙烷再次搅拌，透析、烘干、粉碎。该方法反应快、成本低、清洁环保且制备工艺简洁，构筑的纤维素基材料可实现对废水高效净化处理		
技术问题	由于酰胺基团具有优异的吸附絮凝性能，故聚丙烯酰胺广泛应用于废水处理，表现出净化效率快，安全无毒、可自然降解及使用范围广等特点。然而，在溶解分散过程中，聚丙烯酰胺存在易于团聚结块的问题，且使用成本较高。为了发挥酰胺基团对废水净化的能力，亟需改善丙烯酰胺结合对象。通过化学反应实现丙烯酰胺与纤维素材料结合，是赋予纤维素类材料吸附絮凝功能的重要方式		
技术分支	天然纤维原料；制备工艺；聚合物		

发明名称	一种连续纤维素/碳纳米材料复合气凝胶纤维的制备方法		
公开号	CN106120007B	申请日期	2016-06-24
同族	无	法律状态	有效
摘要	本发明提供一种连续纤维素/碳纳米材料复合气凝胶纤维的制备方法，包括步骤：配置纤维素分散液作为纺丝原液，然后加入碳纳米材料；在凝固槽内加入酸性溶液、乙醇溶液或丙酮溶液作为凝固浴；将加入碳纳米材料后的纺丝原液加入凝固浴内，进行湿法纺丝，得到含有碳纳米材料的纤维素凝胶纤维；将含有碳纳米材料的纤维素凝胶纤维卷绕，浸入陈化溶液中常温陈化 15 min 至 1 h，用去离子水洗涤至中性，然后用去离子水、乙醇或叔丁醇进行溶剂置换，干燥，得到连续纤维素/碳纳米材料复合气凝胶纤维。本发明的制备方法制备过程简单、可纺性好、绿色无污染，制得的连续纤维素碳纳米材料复合气凝胶纤维具有良好的柔韧性，且具有丰富的孔洞和高的比表面积		
技术问题	目前有关纤维素气凝胶负载碳纳米材料的研究大多集中在二维、三维纤维素基气凝胶材料的制备上，即块体与薄膜的制备，如德国德累斯顿工业大学 Edith Mäder 课题组把纤维素和碳纳米管在碱尿素低温体系中混合均匀，再生后制得碳纳米管-纤维素复合气凝胶膜，通过传感测试，发现其对于极性蒸汽和非极性蒸汽都具有快速响应性，高灵敏性和较高的再现性。但是目前一维纤维素气凝胶纤维负载碳纳米材料却未见报道。这是因为相比于其他维度的气凝胶材料，纤维状气凝胶材料对原料和制备条件要求更加苛刻		
技术分支	天然纤维原料；制备工艺		

发明名称	一种连续中空纤维素气凝胶纤维的制备方法		
公开号	CN105970326B	申请日期	2016-06-24
同族	无	法律状态	有效
摘要	本发明提供一种连续中空纤维素气凝胶纤维的制备方法，包括以下步骤：配制纤维素分散液作为纺丝原液；准备两份成分相同的酸性溶液、乙醇溶液或丙酮溶液，一份作为凝固浴，另一份作为同轴纺丝芯层纺丝液；将纺丝原液和同轴纺丝芯层纺丝液以相同的流速经同轴纺丝针头注入凝固浴内，进行湿法纺丝，得到中空纤维素凝胶纤维；将中空纤维素凝胶纤维卷绕，然后浸入到陈化溶液中常温陈化 15 min 至 1 h。本发明的连续中空纤维素气凝胶纤维的制备方法，具有原料来源广泛、成本低、制备过程简单且绿色无污染、可纺性好的特点。所述植物纤维素为棉浆纤维素		
技术问题	将纤维素气凝胶纤维制成中空形貌，可进一步扩大与气体、液体等流体直接接触的外表面，利于流体内物质快速进入孔道，大大提高物质的传输速度。中空纤维素气凝胶纤维不仅具有一维纤维素气凝胶纤维在制备和应用上的优势，而且其高度开孔的结构相比于一般的多孔中空纤维材料具有更高的通透性，其高比表面积和高孔隙率的特征使其应用于过滤和萃取方面相比于一般的多孔中空纤维材料具有更高的效率，且其孔径可调节，因此可用于制备定制化的中空纤维。目前关于连续中空纤维素气凝胶纤维的制备方法还未见报道		
技术分支	天然纤维原料；制备工艺		

发明名称	一种木棉基敷料的制备方法		
公开号	CN115075043A	申请日期	2022-06-16
同族	无	法律状态	审理中
摘要	本发明公开了一种木棉基敷料的制备方法：将木棉纤维进行物理改性；将得到的木棉纤维在水浴条件下，于氢氧化钠溶液中加热处理；将得到的木棉纤维与粘合剂混合，用均质机进行均质；利用湿法抄造工艺将得到的混合物制成纤维网；将水凝胶置于纤维网上，得到复合的木棉基敷料。本发明工艺操作简单，不仅有效实现了生物质纤维敷料的制备，且该敷料具有优异的抗菌性能和亲水亲油性能，可应用于医学美容术后修复领域，应用前景广泛		
技术问题	医学美容不可避免地会破坏皮肤的屏障功能，引起术后并发症，如皮肤色素沉着、接触性皮炎、浅表溃疡等皮肤病。为了解决上述皮肤问题，采用术后修复敷料修复这些受损皮肤是最广泛和常用的方法之一。但现有的生物质纤维素基术后修复敷料结构单一，且成本较高，工艺复杂		
技术分支	天然纤维原料；制备工艺；生物降解		

发明名称	一种木棉纳米纤维素气凝胶及其制备方法和应用		
公开号	CN113429617B	申请日期	2021-06-24
同族	无	法律状态	有效
摘要	本发明公开了一种木棉纳米纤维素气凝胶及其制备方法和应用。本发明的木棉纳米纤维素气凝胶以从木棉纤维中提取的纳米纤维素作为原材料，再经硅烷偶联剂疏水改性后制备而成气凝胶。本发明从资源丰富、价格低廉的木棉纤维中提取纳米纤维素来制备油液和有机溶剂吸附材料，能够显著降低制备成本，简化生产工艺，本发明制备所得的木棉纳米纤维素气凝胶具有低成本、低密度、高孔隙率和可降解等优良性能，能够高效吸附污水中的多种有机溶剂和油类污染物，吸附能力高、速度快，且可长时间保持所吸附的油液而不发生二次泄漏，力学性能良好且可多次重复利用，使用后易降解处理		
技术问题	纤维素气凝胶具有高孔隙率、低密度、吸附性能好等优势，且具有良好的生物相容性、可降解性等特质，是一种新型绿色吸附材料。但纤维素的提取方法复杂，原料价格仍相对较高，易对环境造成污染且纤维素气凝胶的重复使用性能较差，油液回收步骤复杂，极易在吸附后造成二次污染		
技术分支	天然纤维原料；制备工艺；生物降解		

发明名称	一种巯基纤维素多孔材料及其制备和应用		
公开号	CN107126929B	申请日期	2017-04-28
同族	无	法律状态	有效
摘要	本发明涉及一种巯基纤维素多孔材料及其制备和应用，原料组分包括：纤维素悬浮液和巯基硅烷偶联剂；其中纤维素与巯基硅烷偶联剂的质量比为1：(0.3~4)。制备：将巯基硅烷偶联剂加入到纤维素悬浮液中，调节pH值，室温搅拌，得到纤维素硅烷悬浮液；将纤维素硅烷悬浮液置于液氮中冷冻，得到纤维素硅烷冰凝胶，经冷冻干燥，烘焙固化，即得。相比目前商业化的富集吸附剂巯基棉，本发明材料具有均匀的多孔网状结构、较大的比表面积、较高的巯基含量和良好的机械性能等优异性能，且反应原料绿色环保，反应条件温和，工艺简单，高效可控。巯基纤维素多孔材料在重金属吸附、富集、检测，催化剂载体，色谱分离分析等领域有广泛的应用前景。纤维素为木浆纤维素、棉花纤维素、竹纤维素、秸秆纤维素、羧基改性纤维素中的一种或几种		
技术问题	由于传统的商业化重金属富集剂巯基棉制备过程烦琐，所需的反应试剂不环保、比表面积较小、巯基含量低、机械性能差，因此在一定程度上限制了其应用，开发一种新型高效的巯基功能化多孔材料显得格外重要		
技术分支	天然纤维原料；制备工艺；生物降解		

发明名称	一种生物玻璃纳米纤维多孔支架及其制备和应用		
公开号	CN113174080B	申请日期	2021-03-09
同族	无	法律状态	有效
摘要	本发明涉及一种生物玻璃纳米纤维多孔支架及其制备和应用，所述支架以含生物玻璃纳米纤维膜、天然高分子聚合物为原料，直接在模具中浇筑，冷冻干燥，交联，获得。本发明改进了生物玻璃作为医学材料的使用形式，通过共轭静电纺丝制备纳米纤维，同时创新性地引入明胶水溶液体系，有助于提高生物玻璃纳米纤维多孔支架的亲水性，作为骨修复材料时有利于骨组织的修复和再生		
技术问题	生物活性玻璃作为一种既能与骨组织键合又能与软组织连接的活性材料，可通过降解过程实现对活性离子的控制释放，在临床生物医学方面得到长足发展。生物活性陶瓷支架可以通过释放具有生物活性的金属离子实现骨-软骨组织一体化修复		
技术分支	制备工艺；聚合物；生物降解；生物降解-医用		

<table>
<tr><td>发明名称</td><td colspan="3">一种湿巾材料的制造方法</td></tr>
<tr><td>公开号</td><td>CN101586287B</td><td>申请日期</td><td>2009-06-17</td></tr>
<tr><td>同族</td><td>无</td><td>法律状态</td><td>有效</td></tr>
<tr><td>摘要</td><td colspan="3">本发明提供了一种湿巾材料的制造方法，其具体步骤为：先将粘胶纤维和绒毛浆木浆纤维分别开松后置于精粉碎机中以质量比（25~45）：(55~75）混合，将混合纤维采用干法造纸制成纸幅后水刺加固，再烘干得到湿巾材料</td></tr>
<tr><td>技术问题</td><td colspan="3">目前国内的湿巾产品多采用水刺非织造材料。水刺非织造材料具有质地柔软、手感舒适、悬垂性好、无化学粘合剂、透气性好的优点以及其生产速度快、产能高的优势。但是，目前中国水刺非织造工艺中主要以粘胶和涤纶为原料，不可降解，马桶水流无法冲散，处理不便，手感较差</td></tr>
<tr><td>技术分支</td><td colspan="3">天然纤维原料；制备工艺；生物降解；应用-非织造布</td></tr>
</table>

<table>
<tr><td>发明名称</td><td colspan="3">一种碳纤维表面改性的方法</td></tr>
<tr><td>公开号</td><td>CN108642882B</td><td>申请日期</td><td>2018-05-09</td></tr>
<tr><td>同族</td><td>无</td><td>法律状态</td><td>有效</td></tr>
<tr><td>摘要</td><td colspan="3">本发明涉及一种碳纤维表面改性的方法，将表面包覆热固性树脂上浆剂的碳纤维进行低温热处理，使得表面包覆热固性树脂上浆剂的碳纤维表面富含羧基；羧基与表面C—C键摩尔含量的比值为2%~30%；低温热处理是指在250~350 ℃保温0.5~15 min；低温热处理是在氧化性气氛中进行；氧化性气氛为氧化性气体环境或氧化性气体与惰性气体的混合气体环境，混合气体环境中氧化性气体的体积比大于等于5%。本发明的改性方法，热处理温度低、能耗小、处理效果好，处理后表面获得富含可与热塑性树脂基体反应的羧基，有利于碳纤维与热塑性树脂基体的化学键合，大幅提升了碳纤维与热塑性基体的界面性能，极具应用前景。所述碳纤维为聚丙烯腈基碳纤维、石油沥青基碳纤维、煤沥青基碳纤维、粘胶基碳纤维、酚醛基碳纤维、气相生长碳纤维、细菌纤维素基碳纤维、纤维素基碳纤维和木质素基碳纤维中的一种以上</td></tr>
<tr><td>技术问题</td><td colspan="3">表面包覆热固性环氧树脂上浆剂的碳纤维表面有大量羟基和亚甲基，而热塑性树脂的加工温度高于250 ℃，如果直接将该碳纤维与热塑性树脂加工成型时，碳纤维表面上的不稳定基团和碳链会分解产生大量气体，造成界面粘合力大大降低。因此，开发一种对表面包覆热固性环氧树脂上浆剂的碳纤维进行表面改性以提高其与热塑性树脂相容性的方法极具现实意义</td></tr>
<tr><td>技术分支</td><td colspan="3">天然纤维原料；制备工艺；聚合物</td></tr>
</table>

发明名称	一种碳纤维增强聚酯复合材料及其制备方法		
公开号	CN108570223B	申请日期	2018-05-09
同族	无	法律状态	有效
摘要	本发明涉及一种碳纤维增强聚酯复合材料及其制备方法，先将表面包覆热固性树脂上浆剂的碳纤维在 250~350 ℃保温 0.5~15 min，再将低温热处理的碳纤维由双螺杆挤出机加纤口加入，热塑性聚酯、抗氧化剂及润滑剂的混合物自双螺杆挤出机料斗加入，挤出制得拉伸强度为 160~220 MPa、弯曲强度为 240~290 MPa 的碳纤维增强聚酯复合材料；表面包覆热固性树脂上浆剂的碳纤维、热塑性聚酯、抗氧化剂及润滑剂的质量比为（20~40）：（60~80）：（0.1~0.3）：（0.1~0.5）。本发明的制备方法，热处理温度低、能耗小，处理后碳纤维表面富含可与热塑性聚酯反应的羧基，利于与热塑性聚酯的化学键合，极具应用前景。所述碳纤维为聚丙烯腈基碳纤维、石油沥青基碳纤维、煤沥青基碳纤维、粘胶基碳纤维、酚醛基碳纤维、气相生长碳纤维、细菌纤维素基碳纤维、纤维素基碳纤维和木质素基碳纤维中的一种以上		
技术问题	目前对碳纤维进行热塑性树脂增强可行的办法是对涂覆有热固性树脂的碳纤维脱浆。脱浆的方法有溶剂法和烧蚀法，前者需要大量溶剂，后者会产生大量焦油，不仅污染环境，而且去浆后碳纤维会产生大量的毛丝、断丝，从而降低了碳纤维的品质。此外，退浆的高温过程会使碳纤维上通过阳极氧化手段获得的含氧官能团脱除，不利于碳纤维与树脂基体的浸润和界面结合。解决热塑性树脂用碳纤维的根本出路是改变碳纤维上浆剂的相容性，使其与热塑性树脂相容		
技术分支	天然纤维原料；制备工艺；聚合物		

发明名称	一种碳纤维增强尼龙复合材料的制备方法		
公开号	CN108503865B	申请日期	2018-05-09
同族	无	法律状态	有效
摘要	本发明涉及一种碳纤维增强尼龙复合材料的制备方法，先将表面包覆热固性树脂上浆剂的碳纤维进行低温热处理，然后将低温热处理的碳纤维均匀铺展，再将尼龙膜置于均匀铺展的碳纤维两侧，最后热压粘合制得碳纤维增强尼龙复合材料，其中低温热处理是在温度为 250~350 ℃的条件下保温 0.5~15 min。本发明的一种碳纤维增强尼龙复合材料的制备方法，热处理温度低、能耗小、处理效果好，处理后表面获得富含可与热塑性树脂基体反应的羧基，有利于碳纤维与尼龙树脂基体的化学键合，大幅提升了碳纤维与尼龙基体的界面性能，提高了制得的复合材料的力学性能，极具应用前景。所述碳纤维为聚丙烯腈基碳纤维、石油沥青基碳纤维、煤沥青基碳纤维、粘胶基碳纤维、酚醛基碳纤维、气相生长碳纤维、细菌纤维素基碳纤维、纤维素基碳纤维和木质素基碳纤维中的一种以上		
技术问题	目前对碳纤维进行尼龙树脂增强可行的办法是对涂覆有热固性树脂的碳纤维脱浆。脱浆的方法有溶剂法和烧蚀法，前者需要大量溶剂，后者会产生大量焦油，不仅污染环境，而且去浆后碳纤维会产生大量的毛丝和断丝，容易导致碳纤维的品质的降低。此外，退浆的高温过程会使碳纤维上通过阳极氧化手段获得的含氧官能团脱除，不利于碳纤维与尼龙树脂基体的浸润和界面结合。解决热塑性尼龙树脂用碳纤维的根本出路是改变碳纤维上浆剂的相容性，使其与热塑性尼龙树脂相容		
技术分支	天然纤维原料；制备工艺；聚合物		

发明名称	一种通用型可后修饰纤维素多孔材料及其制备方法		
公开号	CN107540868B	申请日期	2017-08-25
同族	无	法律状态	有效
摘要	本发明涉及一种通用型可后修饰纤维素多孔材料及其制备方法，由纤维素悬浮液、乙酰乙酸类纤维素溶液与氨基硅烷偶联剂共混冻干制得，表面含有乙酰乙酸官能团，可被含伯氨基的功能性分子以动态共价烯胺键可逆修饰。制备方法包括：将氨基硅烷偶联剂加入到纤维素悬浮液中搅拌得到混合悬浮液，然后加入乙酰乙酸纤维素溶液搅拌，静置凝胶得到混合凝胶，液氮冷冻得到冰凝胶，经冷冻干燥，烘焙固化得到通用型可后修饰纤维素多孔材料。本发明制备工艺简单，操作安全，绿色环保，得到的纤维素多孔材料机械性能良好、比表面积高、易于后修饰，作为一种通用基底材料，在重金属吸附、富集、检测，催化剂载体，色谱分离分析等领域有广泛的应用前景。所述纤维素悬浮液为木浆纤维素、棉花纤维素、竹纤维素、秸秆纤维素、羧基改性纤维素中的至少一种		
技术问题	天然高分子多孔材料作为新生的第三代多孔材料，在具备传统多孔材料特性的同时融入了自身的优异性能。纤维素作为天然高分子，具有来源丰富、生物相容性好、易于生物降解等特点，并且纤维素分子链表面富含的羟基和多孔结构也为后续化学修饰以及后改性提供良好的载体，因此纤维素类多孔材料受到科研工作者的广泛关注，已被广泛用于生物医药、光电器件、催化剂载体、高效吸附剂、隔热保温层、色谱分离分析、超级电容器等领域		
技术分支	天然纤维原料；制备工艺；聚合物；生物降解		

发明名称	一种微纤化木棉纤维素气凝胶的制备方法及其应用		
公开号	CN112940336A	申请日期	2021-02-01
同族	无	法律状态	有效
摘要	本发明公开了一种微纤化木棉纤维素气凝胶的制备方法及其应用，所述制备方法：首先将木棉纤维粉碎后用碱液进行脱蜡处理，再通过打浆进行微纤化处理；然后将微纤化木棉纤维素进行疏水改性后制备成微纤化木棉纤维素气凝胶。本发明利用资源丰富、价格低廉且具有独特中空结构的木棉纤维制备成气凝胶材料，成本低廉，制备工艺简单，制备的气凝胶材料具有良好的亲油性和疏水性、具有高孔隙率和低密度，并且易降解，能够有效吸收水域中泄漏的多种有机溶剂和油类物质，吸附倍率高且保油性能好，吸油彻底且不易二次泄漏，通过挤压所吸附的油液就可以回收再利用；该材料还可用作油水分离或过滤材料，具有广阔的应用前景		
技术问题	吸附法已经成为处理油液污染问题的主要方法，但目前常用的吸附材料仍存在成本高、吸附量小、不可循环使用、难以生物降解、易造成二次污染等问题。因此开发低成本、绿色环保的制备方法，从而制备出吸附倍率高的吸附剂具有潜在的环境和经济效益		
技术分支	天然纤维原料；制备工艺；生物降解；应用-污水处理		

发明名称	一种纤维素/有机硅/多巴胺阻燃隔热气凝胶及其制备方法		
公开号	CN106432783B	申请日期	2016-09-20
同族	无	法律状态	有效
摘要	本发明涉及一种纤维素/有机硅/多巴胺阻燃隔热气凝胶及其制备方法，所述多巴胺的用量占气凝胶质量的520%，有机硅与纤维素的质量比为（0.5～3）：1；其中，纤维素为纤维素微米线或者纤维素纳米线。制备方法：将有机硅加到纤维素微米/纳米悬浮液中，搅拌，然后加入多巴胺，调节 pH 值至 8～9，搅拌，得到悬浮液；将悬浮液置于液氮中冷冻，得到冰冻的凝胶，冷冻干燥，烘焙，得到纤维素/有机硅/多巴胺阻燃隔热气凝胶。本发明的阻燃隔热气凝胶除了具备优异阻燃性能和热隔绝性能之外，还具有良好的机械性能；符合生态环保的要求，并且在建筑、管道的隔热材料和隔热服填充物等领域具备良好的应用前景。所述纤维素为木浆纤维素、竹纤维素、棉花纤维素、羧基改性纤维素中的一种		
技术问题	多巴胺由于其生物相容、无毒和强的粘附性能得到广泛的关注。最近研究人员发现多巴胺的儿茶酚具有很强的自由基捕捉能力。所以可运用多巴胺的自由基捕捉能力和硅烷的催化纤维素碳化的性能相结合，来提高纤维素气凝胶的耐火性能		
技术分支	天然纤维原料；制备工艺；聚合物		

4.2 华南理工大学专利分析

发明名称	高透明导电纳米纸及其便捷制备方法与应用		
公开号	CN112301803A	申请日期	2019-07-30
同族	无	法律状态	审理中
摘要	本发明公开了一种高透明导电纳米纸（TCNP）及其便捷制备方法与应用，所述高透明导电纳米纸包括纳米纤维素纸和覆在纳米纤维素纸上的透明导电油墨层，所述透明导电油墨层由可聚合低共熔溶剂与交联剂、引发剂固化制得。本发明通过使用可聚合低共熔溶剂作为导电油墨，纳米纤维素纸张作为透明衬底，结合印刷涂布工艺实现了高透明导电纳米纸的简易高效制备。制备出的高透明导电纳米纸表现出优异的光学、力学和电学性能。本发明制备的 TCNP 还具有优异的耐弯折性能和电学稳定性，并成功应用于纸基电致发光器件中，为柔性电子元器件的发展起到了推动作用		
技术问题	现有高透明导电纸的制备工艺大多是通过物理沉积法，将导电层的厚度控制在 50 nm 以内以获得较高的透明度，但繁复的沉积工艺需要苛刻的高压、真空或高温条件，能量消耗较大产出较低，限制了导电纸的实际应用。这些问题都极大地限制了导电纸应用领域的进一步扩大		
技术分支	天然纤维原料；制备工艺；生物降解；应用-纸		

发明名称	聚乙烯醇基木塑复合材料及其熔融加工方法		
公开号	CN105949807B	申请日期	2016-06-13
同族	无	法律状态	有效
摘要	本发明公开一种聚乙烯醇基木塑复合材料及其熔融加工方法，所述聚乙烯醇基木塑复合材料以质量百分比计，主要由以下组分制备而成：木质组分，以绝干质量计（质量分数）为40%~90%、聚乙烯醇为5%~45%、增塑助剂为0%~15%和水为5%~30%；所述水为木质组分所含的水或/和添加的水。本发明聚乙烯醇基木塑复合材料具有优良的综合性能，强度高、模量高、可完全降解、产品种类多、适应性广，并且木质组分含量高，原材料成本低，能充分利用自然资源，减少环境污染，具有显著的环保效益		
技术问题	当前木质材料主要是以粉状作为填料添加到塑料中，工业生产时木粉添加量一般最多为50%，继续增加木粉含量会导致复合材料综合性能显著降低。当然也有采用纤维形式的木质材料添加到塑料中，期望长纤维的高强度和纤维间形成的网络来提高产品的力学性能，但这种添加量更低并且分散问题更显著，同时由于螺杆设备加工过程对纤维长度降低作用明显，实际上纤维作为增强材料的作用也不明显。另外，木塑复合材料的基体大多为聚烯烃、聚氯乙烯等，这些基体树脂难以降解且与木粉的界面相容性差，实际生产中往往采用相当比例甚至全部采用回收废旧塑料作为基体，进一步弱化了木塑复合材料的综合物理机械性能		
技术分支	天然纤维原料；制备工艺；聚合物；生物降解；应用		

发明名称	一种农用可降解保温地膜的制造方法		
公开号	CN105178094B	申请日期	2015-06-17
同族	无	法律状态	有效
摘要	本发明公开了一种农用可降解保温地膜的制造方法。该方法将经过蒸煮、打浆和漂白处理的植物纤维与聚乙烯醇纤维和聚乳酸纤维进行混合，将三种纤维混合并加入造纸所需助剂进行抄纸；再通过涂布或浸渍处理液的加工方式进行处理，将处理后的纸张在1~5 MPa压力和30~120 ℃温度下进行压光处理，再在5~10 MPa压力和120~150 ℃的条件下进行高压光处理，形成超薄光滑的纸页结构；经高压处理后的纸张取出，得到具有优良的防水、透光、保温、保熵性纸基可降解保温地膜材料，该技术方法相比传统的造纸法制作的纸基地膜具有定量低、成本低、性能优异、环境友好、耐较大温差等特点，产品的综合性能也优于现有市场上的保温薄膜的相关指标		
技术问题	目前市场上也有少量的纸基地膜产品，但是在质量和成本上存在纸张干湿强度不够大、保温性不够好、不能耐较大的昼夜温差、成本太高的问题		
技术分支	天然纤维原料；制备工艺；聚合物；生物降解；应用-地膜		

发明名称	纳米纤维素及其制备方法		
公开号	CN106149433B	申请日期	2016-06-24
同族	无	法律状态	有效
摘要	本发明公开了一种纳米纤维素及制备方法。其制备方法包括蒸汽爆破处理、碱-乙醇催化的高温水蒸煮、H_2O_2 漂白和机械力分散的步骤。该制备方法中只用到了少量碱（浓度低）、少量乙醇和 H_2O_2，显著降低了纤维预处理中化学品的用量，极大减少了对环境的污染；同时避免了大量化学试剂对纤维素结构的破坏，保护了纤维素的结构；而且降低了后续机械处理过程中的能耗，提高了纳米纤维素的制备效率。用该方法制备得到的纳米纤维素的直径为10~40 nm，具有很高的长径比和优良的网状结构		
技术问题	在植物纤维细胞壁中，纤维素微纤束包裹在半纤维素和木质素中，需借助一定的方法才能实现纤维素的分离和纤丝化。强酸强碱水解、高强度机械处理和微生物合成是目前制备纳米纤维素常用的方法。但这些方法有着化学污染严重，能耗过大和产量过低等诸多缺陷。为提高纤维素纤丝化的效率，国内外很多研究人员尝试了用纤维预处理加机械处理的方法制备纳米纤维素，取得了一定的研究成果。常用的预处理手段有酶处理、高强度强碱处理和亚氯酸盐漂白等。这些预处理手段虽然在一定程度上促进了机械处理过程中纤维素的纤丝化进程，但仍然有较大的缺陷。例如，酶处理所需要的周期很长，化学处理面临着环境污染和纤维性能降低等。目前，在提高纳米纤维素的产量和性能的同时降低能耗和污染仍值得深入研究		
技术分支	天然纤维原料；制备工艺		

发明名称	一种全降解材料及其制备方法及用其制备包装袋方法		
公开号	CN101481507B	申请日期	2009-01-20
同族	无	法律状态	有效
摘要	本发明公开了一类全降解材料及其制备方法及用其制备包装袋方法。该全降解材料包括50%~80%的植物纤维，最多50%的可降解热塑性聚合物，可以用来生产薄膜制品。其制备方法为以50%~80%的植物纤维作为增强材料，以最多50%的可降解热塑性聚合物作为粘结剂，通过熔融塑化的方法，经塑化成型，制成全降解材料。用这种全降解材料制作包装袋时用其基体材料纤维热压熔接封边。用本发明的全降解材料制备的产品强度高、耐水、无毒、无污染、可全生物降解		
技术问题	植物纤维/高分子复合材料，特别是长植物纤维在制备成型过程中存在着植物纤维与基体高分子材料相容性差、植物纤维易团聚、复合体系流动性差、植物纤维分散困难的问题。采用传统的螺杆挤出、注射等加工方式，为了使植物纤维团聚体分散开，多采用强化剪切分散的方式。一方面，容易造成局部高温，使植物纤维降解，存在强制混炼与低温加工的矛盾，这对于加工温度范围窄的可降解高分子材料矛盾更为突出，因此制备高填充率的植物纤维高分子复合材料非常困难。另一方面，强制剪切分散还会造成植物纤维长度的变短，采用传统的螺杆塑化输送方式制得的制品中的纤维长度往往小于1 mm，因此挤出和注射这两种连续成型方法基本用于植物纤维粉料，长植物纤维增强高分子复合材料多采用模压或者通过人工铺装或预制植物纤维毡的方式以尽量保持纤维的长度，这种避免剪切混合的间歇式加工方法制备效率较低		
技术分支	天然纤维原料；制备工艺；聚合物；生物降解；应用-包装		

发明名称	一种复合超滤膜及其制备方法		
公开号	CN102580581B	申请日期	2012-03-07
同族	无	法律状态	有效
摘要	本发明公开了一种复合超滤膜及其制备方法，首先将天然纤维素和淀粉乙酰化反应后制得纤维素乙酸酯和淀粉乙酸酯，然后以丙酮为溶剂，加入引发剂、增塑剂和亲水性改性剂制得超滤膜铸膜液；再以相转化法制备聚砜（PSF/PSU）多孔支撑膜，然后将支撑膜直接浸入到超滤膜铸膜液后取出自然蒸发，经二级热力学处理凝固后形成内部多孔支撑层和表面双层超滤层的复合超滤结构。本发明制备的复合超滤膜具有较好的力学性能和化学稳定性能，且可以部分生物降解，既减小了其对环境的影响，也实现了天然纤维素和淀粉的合理有效利用		
技术问题	如今超滤膜的制备技术已经十分成熟，而制约超滤膜发展的主要因素是价格问题，现在每吨纤维素乙酸酯（CA）的价格在5.5万~8万元，聚砜的价格更高，平均每吨价格在12万~18万元，而淀粉乙酸酯（CS）现在平均每吨价格仅1.2万元。目前还主要是使用纤维素乙酸酯来工业制备超滤膜，经济成本比较高		
技术分支	天然纤维原料；制备工艺；聚合物；生物降解		

发明名称	一种透明纤维素薄膜及其制备方法		
公开号	CN103898802B	申请日期	2014-03-25
同族	无	法律状态	有效
摘要	本发明公开了一种透明纤维素薄膜及其制备方法。该方法首先将植物纤维素干燥至绝干状态；然后将植物纤维素加入到纤维素溶剂中，控制植物纤维素占纤维素溶剂质量的为0.01%~20%，在温度为-20~150 ℃下溶解，溶解完毕后，混合均匀；将所得的植物纤维素溶液滴加到高速混合的脱胶溶液中，加料完毕后，继续混合5~3 600 s以备用；经抄造成型和干燥成型，制备具有高透明的纤维素薄膜。本发明可制造具有较高力学强度和较低热膨胀系数，密度为0.1~1.2 g/mL，厚度为0.01~2 mm，透明度为40%~95%的透明纤维素薄膜产品，可在柔性电子材料与器件或高级包装、印刷领域应用；具有工艺简单、环境友好和成本低等特点		
技术问题	随着现代纤维素溶剂技术的推进，特别是近些年来绿色离子液体的发展，促进了纤维素及其新材料的发展。采用离子液体高温或尿素/氢氧化钠低温溶解纤维素，并通过水或醇再生制备高透明的纤维素薄膜材料。这种透明纤维素再生材料也被用来考虑用作OLED导电透明薄膜衬底材料使用；通过溶解-再生法制备的纤维素薄膜材料具有比玻璃或塑料衬底材料更好的表面光滑度（均方根粗糙度=~6.8 nm）以及基本无纤维形态出现，具有纳米纸相当的光学霾值（50%），比塑料（10%）高很多，且可见光透过率为85%（500 nm波长），但该方法得到的再生纤维素薄膜存在机械性能和热稳定性不足的问题，影响其在透明导电薄膜衬底材料应用		
技术分支	天然纤维原料；制备工艺；应用-电子		

发明名称	一种从竹材中分离提取纤维素和木质素的方法		
公开号	CN105544265B	申请日期	2015-12-15
同族	无	法律状态	有效
摘要	本发明公开了一种从竹材中分离提取纤维素和木质素的方法，包括以下步骤：①将竹材粉末和离子液体混合溶剂加入高压反应釜中；向反应釜中通入惰性气体置换空气，控制反应温度和时间；②取出反应产物，减压抽滤，并用乙醇洗涤残渣，洗净后的残渣即为再生纤维素；对抽滤所得滤液进行旋转蒸发得到浓缩液，并回收乙醇；浓缩液中加入去离子水，静置得到含有沉淀物的混合液；③对上述混合液进行离心，然后固液分离，所得固相先后用乙醇和去离子水洗涤，洗净即为再生木质素。本发明可以有效提取出竹类中92%~97%的纤维素以及63%~72%的木质素，两种产品的纯度均在90%以上。同时可以显著降低提取过程的成本		
技术问题	相比于传统的用有机溶剂或强酸强碱溶液来预处理生物质，离子液体具有绿色无污染、可重复使用等优势。作为常用的预处理生物质的离子液体，咪唑类离子液体因其较好的稳定性和较优的溶解工艺条件，得到了广泛的应用		
技术分支	天然纤维原料；制备工艺		

发明名称	动态硫化聚乳酸塑料/橡胶热塑性弹性体及其制备方法		
公开号	CN103642184B	申请日期	2013-11-22
同族	无	法律状态	有效
摘要	本发明公开了动态硫化聚乳酸塑料/橡胶热塑性弹性体及其制备方法。其原料包括以下组分：聚乳酸20~90份、橡胶10~80份、抗氧剂0.1~1份、界面改性剂1~10份、交联剂0.1~4.8份、助交联剂0.1~4.2份；制备时，在150~190℃的温度下，将聚乳酸、抗氧剂、橡胶和界面改性剂混合均匀，在高速剪切下加入交联剂和助交联剂对橡胶相进行动态硫化，得到动态硫化制备的聚乳酸塑料/橡胶热塑性弹性体。本发明所得的聚乳酸塑料/橡胶热塑性弹性体机械强度高，具有优异的冲击性能、可重复加工等特点，可广泛用于医疗、汽车工业、农业生产、包装、服装、信息电子产业、化学工业、新能源及环境保护等领域。 所述动态硫化聚乳酸塑料/橡胶热塑性弹性体的原料还包括填充材料；所述填充材料为有机填充材料或无机填充材料；所述有机填充材料为淀粉、马来酸酐接枝淀粉、木质素、剑麻纤维、纳米微晶纤维素、竹纤维中的一种或多种		
技术问题	摆脱了对石油资源的依赖。聚乳酸具有优越的物理性能，强度、刚性高、透明度好，具有良好的生物相容性、易加工，不同分子量的聚乳酸可适用于吹塑、热塑、拉丝等各种不同的加工工艺，产品的使用范围广。但聚乳酸韧性、柔软性差，具有缺口敏感性，PLA的缺口冲击强度仅为2.0~3.0 kJ/m^2，断裂伸长率为2%~10%，限制了其应用，为了扩大PLA的应用领域，需对其进行改性以提高其韧性，柔软性		
技术分支	天然纤维原料；制备工艺；聚合物-聚乳酸；生物降解		

发明名称	一种将竹笋下脚料进行改性制备复合水凝胶的方法及其应用		
公开号	CN104086785B	申请日期	2014-06-20
同族	无	法律状态	有效
摘要	本发明提供一种将竹笋下脚料进行改性制备复合水凝胶的方法及其应用，所述吸附材料由竹笋下脚料提取纤维素再用氯乙酸钠改性后进行环氧氯丙烷交联，之后反相悬浮聚合，最后进行冷冻干燥而成。本发明制备出水凝胶珠并将其作为一种生物吸附剂，以亚甲基蓝为染料模型分子，研究其对亚甲基蓝的吸附效果，为该水凝胶的吸附与缓释奠定理论基础。本发明利用竹笋下脚料制备新型复合水凝胶，原料来源丰富、成本低廉，能实现废物利用，推动循环经济，所制备的水凝胶可以应用于染料废水的吸附，以及模型药物的吸附与缓释，减少竹笋下脚料随意丢弃对环境的污染，能在推动生态资源绿色发展中起到一定作用		
技术问题	单独的羧甲基化竹笋纤维素形成水凝胶质构特点不太理想		
技术分支	天然纤维原料；制备工艺；生物降解		

发明名称	可控性疏水细菌纤维素-玉米醇溶蛋白复合膜的制备方法		
公开号	CN104225670B	申请日期	2014-08-25
同族	无	法律状态	有效
摘要	本发明公开了可控性疏水细菌纤维素-玉米醇溶蛋白复合膜的制备方法。该方法先进行细菌纤维素膜的制备与纯化；然后将细菌纤维素膜浸泡于乙醇-水溶液，进行置换处理；再配制玉米醇溶蛋白溶液；将细菌纤维素膜与玉米醇溶蛋白溶液进行反应，完成后溶剂挥发，得到细菌纤维素-玉米醇溶蛋白复合湿膜；通过干燥处理，得到细菌纤维素-玉米醇溶蛋白复合膜。制备出的细菌纤维素-玉米醇溶蛋白复合膜具有可调控的高疏水性、优良的力学性能以及生物相容性，能够达到控制并增强细胞的粘附能力、加快组织修复等效果；且本发明操作简便，可适用于大规模工业化生产，在生物医用材料产业中具有较好的应用前景		
技术问题	为了提高BC对细胞的粘附性能，现有技术往往是将BC与一些蛋白质基材料复合，得到BC复合材料。目前，关于这方面的研究和专利大多都是采用胶原、纤连蛋白、RGD肽等动物来源的活性蛋白对BC表面进行修饰。虽然这些材料具有良好的生物相容性，但其价格昂贵，不利于工业化大规模生产，并且其对BC表面的修饰效果有限，且不具有可调控性，所形成的复合材料在应用上也具有一定的局限性		
技术分支	天然纤维原料；制备工艺；应用-医用		

<table>
<tr><td>发明名称</td><td colspan="3">一种棉短绒制浆装置及其制浆方法</td></tr>
<tr><td>公开号</td><td>CN105064110B</td><td>申请日期</td><td>2015-07-29</td></tr>
<tr><td>同族</td><td>无</td><td>法律状态</td><td>有效</td></tr>
<tr><td>摘要</td><td colspan="3">本发明公开了一种棉短绒制浆装置，包括开包机、金属检测器、开棉机、除杂机、旋风分离器、半浆机、安装疏解型磨盘的第一磨浆机、安装磨浆型磨盘的第二磨浆机、蒸煮器、螺旋压榨脱水机、第一高浓混合器、第一高浓漂白塔、第一螺旋输送机、第一双网脱水机、第二高浓混合器、第二高浓漂白塔、第二螺旋输送机和第二双网脱水机，结构简单、安装维护方便。本发明还公开了一种棉短绒制浆方法，利用该方法所获得的产品质量高、杂质少、产率高、成本低且环保污染少</td></tr>
<tr><td>技术问题</td><td colspan="3">一方面，在高温、高压条件下，纤维素分解严重，造成棉纤维聚合度严重下降，制浆得率较低。另一方面，目前棉短绒普遍采取含氯漂白工艺，漂白过程产生了高毒性的含氯有机化合物，对人类健康和生态环境造成严重危害</td></tr>
<tr><td>技术分支</td><td colspan="3">天然纤维原料；制备工艺</td></tr>
</table>

<table>
<tr><td>发明名称</td><td colspan="3">一种用于柔性 OLED 底发射的纳米纤维基板材料及其制备方法</td></tr>
<tr><td>公开号</td><td>CN105780567B</td><td>申请日期</td><td>2016-02-02</td></tr>
<tr><td>同族</td><td>无</td><td>法律状态</td><td>有效</td></tr>
<tr><td>摘要</td><td colspan="3">本发明属于 OLED 领域，公开了一种用于柔性 OLED 底发射的纳米纤维基板材料及其制备方法。该纳米纤维基板材料的制备方法包括以下步骤：将纤维原料粉碎成渣纤维，然后加入到碱性溶液中恒温搅拌，过滤得脱除木素的纤维，将所得脱除木素后的纤维加入到氧化降解液中进行氧化降解，得纳米纤维悬浮液 NFC，抽滤，将所得滤饼固定，干燥，即得纳米纤维基板材料。本发明通过将纤维的尺寸（直径）降低到可见光光波波长 400~760 nm 的 1/10 时，可见光就不会发生散射，而直接通过，从而使得本发明制备得到的纳米纤维基板材料具有的良好的光透射值和雾度值，是柔性 OLED 底发射显示的理想基板。所述的纤维原料为木材、甘蔗、麻类纤维和草类纤维中的至少一种</td></tr>
<tr><td>技术问题</td><td colspan="3">塑料如 PEN、PI、PET 等因具有良好的柔韧性和光学性能而被选为柔性 OLED 的基板材料。PI 具有良好的耐高温，但是因为颜色为棕色，也只能作为顶发射形式；PEN 和 PET 等具有良好的透光性，可以作为底发射形式，但是操作温度低，同时 PEN、PI、PET 等不能降解，不可回收。另外，有些研究人员用纳米纤维作为基板材料，因为纳米纤维形态控制不好，而导致透光性差，雾度不好</td></tr>
<tr><td>技术分支</td><td colspan="3">天然纤维原料；制备工艺；应用-电子；生物降解</td></tr>
</table>

发明名称	一种绿色环保缓冲纤维包装材料及其制备方法		
公开号	CN102382481B	申请日期	2011-07-28
同族	无	法律状态	有效
摘要	本发明公开一种绿色环保缓冲纤维包装材料及其制备方法。制备时，先将天然纤维在气流干燥至纤维含水率为 8%~13%，然后加入防水剂、阻燃剂和防腐剂作为化学助剂，以乙酸乙酯作为稀释剂，将 MPU-20 聚氨酯树脂胶粘剂稀释至原体积 3~5 倍的混合液，以喷射枪为气流发生装置，利用喷射枪启动时产生的高速气流负压作用，将化学改性溶液和发泡性 MPU-20 聚氨酯树脂分散液的混合液吸入气流并形成气/液二相混合物流体，气流与植物纤维混合；成型制得超低密度（≥50 kg/m^3）包装材料。材料缓冲性能优于瓦楞纸板、蜂窝纸板，材料有易机械加工、抗菌性能好、成本低、尺寸稳定性好、抗湿性强等优点		
技术问题	在以可降解植物纤维为原料，在制造纸浆模塑、植物纤维类缓冲包装材料过程中，还存在以下一些问题：①在纸浆模塑成型中，主要以低浓度废纸纸浆悬浮液为研究对象，通过模具内的抽吸孔真空抽吸成型的方法进行初步成型，然后在热模具内进行热压定型，主要生产低厚度的产品，该成型方法缺点是用水量大，工艺复杂、污染严重，且多生产低档的包装产品，若生产高白度的产品还需继续脱墨处理，因而成本很高，污染更为严重，应用包装大型电子仪器还需提高其各项性能或生产结构复杂的模塑产品来提高其性能，因此开发废纸制浆造纸浆模塑产品有相当的潜力；②植物纤维发泡材料是主要以植物纤维、淀粉为主要材料进行烘焙或挤出发泡成型，且多以化学发泡剂发泡成型，对环境有一定负面影响。此外，淀粉分子含有无以数计的羟基，虽然目前很多的研究者采用酯化或乙酰化的方法改性羟基以提高其抗水性，但若真正实现抗水性还很困难，而且淀粉发泡材料由于原料来源的广泛性、成本较高及脆性较大也限制了该种包装材料的广泛应用，这在一些资料已有提及		
技术分支	天然纤维原料；制备工艺；聚合物-淀粉；应用-包装；生物降解		

发明名称	一种植物纤维基聚醚多元醇及其制备方法		
公开号	CN102432889B	申请日期	2011-08-15
同族	无	法律状态	有效
摘要	本发明公开了一种植物纤维基聚醚多元醇的制备方法，步骤如下：①将聚乙二醇与低分子多元醇按（1~20）：1 的质量比搅拌混合，得液化试剂；②称取 10 质量份已烘干粉碎至 10~200 目的植物纤维原料，在常温下与 10~50 质量份的液化试剂搅拌混合后，静置 5 min 至 12 h；③搅拌下，取 5~20 质量份的液化试剂预先加热至 140~180 ℃后，再加入步骤②的混合物，并控制温度，同时逐渐添加 0.2~4 质量份的无机含氧酸，保证混合物和酸同时加完；保持加料前的温度和搅拌状态，继续反应 20~120 min，停止加热；④调节 pH 值为 6~8；然后出料。本发明提高了液化产物得率、降低液固比，节约成本		
技术问题	植物纤维原料中的纤维素结晶度高达 60%~70%，木质素具有三维网状结构，二者的反应活性较差，使得植物纤维原料不能被有效地直接应用。植物纤维原料的液化是实现其转化的有效手段之一。其中，在常压和温度较低（140~180 ℃）的条件下，在适当溶剂中以及催化剂作用进行的液化，可以用于生产多种高分子材料。例如，在多羟基醇中进行液化所得产物是一种多元醇，可以用于生产聚氨酯材料		
技术分支	天然纤维原料；制备工艺		

发明名称	生物活性细菌纤维素-玉米醇溶蛋白复合膜及其制备方法		
公开号	CN104225669B	申请日期	2014-08-25
同族	无	法律状态	有效
摘要	本发明公开了生物活性细菌纤维素-玉米醇溶蛋白复合膜及其制备方法。该方法先进行细菌纤维素膜的制备与纯化；纯化后的细菌纤维素膜放入蒸馏水中搅拌均匀，用高速剪切机剪切，经过高压微射流均质，得纳米纤维分散液；将玉米醇溶蛋白和水难溶性生物活性物质溶解在乙醇-水溶液中，得醇溶液；将酪蛋白酸钠溶解在水中，搅拌下加入所述醇溶液中，得混合液；除去乙醇，离心，得到富含有生物活性分子的玉米醇溶蛋白纳米颗粒；纳米纤维分散液与富含有生物活性的玉米醇溶蛋白颗粒混合，搅拌均匀，并进行超声处理；真空抽滤，快速成膜；干燥。本发明的复合膜材料具有良好的机械性能、生物相容性、可生物降解性，且该膜具备可调控的抗菌、抗氧化等生物活性		
技术问题	为了赋予细菌纤维素材料以特异性的抗菌抗氧化等功能，现有技术多是采用直接浸泡法将细菌纤维素置于一些生物活性物质溶液中，后冻干，或者溶液共混后倾倒、烘干等方法制备复合膜材料，此类方法耗时长，不利于工业化生产。而且大多数生物活性物质，如多酚类抗菌抗氧化剂、磺胺嘧啶银等，往往存在溶解度差、稳定性不足等问题，因此该方法制备的抗菌抗氧化类材料实际效用不大		
技术分支	天然纤维原料；制备工艺；生物降解；应用-医用		

发明名称	利用醇类溶剂制备含天然纤维素的玉米醇溶蛋白混合物的方法		
公开号	CN103834046B	申请日期	2014-02-27
同族	无	法律状态	有效
摘要	本发明公开了利用醇类溶剂制备含天然纤维素的玉米醇溶蛋白混合物的方法。该方法步骤：先室温下，将 Zein 加入醇类水溶液中，搅拌溶解，制得 Zein 质量百分比为 2%~15%的均一溶液 A；然后将 Cellulose 置于-13~-12 ℃的含质量分数为 6%~8%氢氧化钠和 10%~14%尿素的水溶液中，溶解，制得 Cellulose 质量百分比为 0.2%~8%的均一溶液 B；将均一溶液 A 加入溶液 B 中，控制 Zein 与 Cellulose 干质量比为（2~10）：1，Zein 和 Cellulose 占混合溶液质量的 1.5%~5%，混溶，即得均一、稳定的混合溶液或凝胶。该混合溶液或凝胶制成膜可用于制药、食品等行业		
技术问题	Zein 具有较强的疏水性，可以溶于一定浓度的乙醇水溶液，而 Cellulose 亲水性较强，可溶于一定浓度体系的氢氧化钠/尿素水溶液体系，所以将两者均匀混合到一起难度较大。有相关文献将微晶纤维素分散到 Zein 溶液里，从而形成共混物，两者并没有形成溶液。因此，如何将 Zein 和 Cellulose 溶于一个体系成为均一、稳定的溶液，成为将二者充分利用的前提条件		
技术分支	天然纤维原料；制备工艺		

发明名称	秸秆生物质容器及其制备方法		
公开号	CN108129865A	申请日期	2017-12-22
同族	无	法律状态	有效
摘要	本发明公开了一种秸秆生物质容器的制备方法，包括以下步骤：取秸秆与水搅拌，调节含水率至40%~60%；于密封袋中放置8~14 h；蒸汽爆破，得秸秆纤维，干燥至含水率为5%~15%；添加胶粘剂，混匀；以绝干重计，所述秸秆纤维与所述胶粘剂的比例为10：（1~3）；所述胶粘剂为聚乙烯醇；热压成型；冷却定型。本发明所述生物质容器的制备方法为整体性的完整处理方式，具有环境友好、能耗低、简单易操作的特点，适合推广，制备得到的秸秆生物质容器成型性好、力学性能佳、荷载能力强，且环保可降解、固化后仍可实现二次成型加工		
技术问题	现有的各类秸秆制品的制备工艺中，或是需要采用大量化学药品处理，或是加工步骤复杂耗时，或是原辅助材料成本较高，或是胶粘剂生物降解性不足，上述存在的一系列问题，致使生物质容器力学性能不佳、能耗大、生产成本较高，无法切实有效地实现环境保护，不利于大面积推广		
技术分支	天然纤维原料；制备工艺；生物降解；应用-容器		

发明名称	一种纤维素纤维和纳米纤维复合隔音材料及其制备方法		
公开号	CN106048885B	申请日期	2016-06-28
同族	无	法律状态	有效
摘要	本发明属于功能材料技术领域，公开了一种纤维素纤维和纳米纤维复合隔音材料及其制备方法。所述复合隔音材料由天然纤维素纤维和纳米纤维所构成的复合纤维层复合得到。所述的纳米纤维通过静电纺丝制备。本发明将静电纺丝所得纳米级纤维与天然纤维素纤维结合，大大提高了复合材料的隔音性能，同时天然纤维素纤维以及可生物降解聚合物的使用满足绿色环保的理念，使其具有良好的应用前景。所述天然纤维素纤维是指麻纤维、蔗渣纤维、椰壳纤维、木棉纤维、菠萝叶纤维、棕榈叶纤维、香蕉纤维、藕丝纤维和竹原纤维中的至少一种		
技术问题	通过静电纺丝得到的纳米纤维有着极小的直径、高孔隙率、极大的比表面积以及优秀的过滤效率等优点，这些特性使纳米纤维在生物医药、军工、过滤、降噪领域有着重要用途。天然的纤维素纤维材料具有吸湿性好、强度高、变形能力小、防腐抑菌等特点，所以被广泛用于衣物家纺等用品。但目前对天然的纤维素纤维和静电纺丝得到的纳米纤维进行复合制备隔音材料的研究却鲜有报道		
技术分支	天然纤维原料；制备工艺		

发明名称	一种半纤维素基吸水保水材料及其制备方法		
公开号	CN105524283B	申请日期	2016-01-05
同族	无	法律状态	有效
摘要	本发明属于生物质材料技术领域，公开了一种半纤维素基吸水保水材料及其制备方法。所述制备方法为：将聚乙二醇与4,4'-亚甲基双（异氰酸苯酯）分别用无水二甲基甲酰胺溶解后混合，在20~80 ℃温度下反应3~24 h，得到聚乙二醇接枝4,4'-亚甲基双（异氰酸苯酯）预聚物；将半纤维素溶解于离子液体中；得到半纤维素溶液；然后将聚乙二醇接枝4,4'-亚甲基双（异氰酸苯酯）预聚物加入到半纤维素溶液中，20~100 ℃反应3~48 h，反应产物经沉淀、过滤、洗涤和冷冻干燥，得到所述半纤维素基吸水保水材料。本发明产物具有良好的吸水保水性、生物相容性和生物降解性，具有良好的应用前景		
技术问题	以往的研究表明聚乙二醇是最合适的接枝聚合物之一，具有良好吸湿性、溶解性、生物相容性、生物降解性以及低毒性等优点，在化工、生物化学以及生物技术等领域发挥着重要的作用。目前并无关于使用聚乙二醇对半纤维素进行接枝改性的报道，更无关于将半纤维素接枝聚乙二醇作为吸水保水性生物材料的报道		
技术分支	制备工艺；聚合物；生物降解		

发明名称	一种菠萝皮渣纤维素-*g*-丙烯酸/高岭土/乌贼墨水凝胶及其制备方法与应用		
公开号	CN106009458B	申请日期	2016-06-20
同族	无	法律状态	有效
摘要	本发明公开了一种菠萝皮渣纤维素-*g*-丙烯酸/高岭土/乌贼墨水凝胶及其制备方法与应用。本发明以菠萝皮渣为原材料，经过清洗、干燥、粉碎、漂白、碱液处理后得到菠萝皮渣纤维素，将菠萝皮渣纤维素在离子液体中加热搅拌溶解，以过硫酸铵为引发剂，*N*,*N*-亚甲基双丙烯酰胺为交联剂，丙烯酸为单体，进行接枝改性，再加入高岭土和乌贼墨，待反应完成冷却至室温，加入蒸馏水浸泡洗涤，冷冻干燥得到水凝胶。本发明所用原料来源丰富、方便易得、经济性好。本发明在对菠萝皮渣纤维素进行改性后制备水凝胶工艺简单，反应时间短，乌贼墨和高岭土可提高该水凝胶的热稳定性，所得水凝胶在废水处理和吸附材料领域具有良好的应用前景		
技术问题	菠萝皮渣主要由纤维素、半纤维素、木质素和果胶组成，其中纤维素干重含量达到22%，充分利用这些纤维素是菠萝皮渣高值化的重要切入点，但是目前对于菠萝皮渣纤维素高值化利用的研究相对较少		
技术分支	天然纤维原料；制备工艺；聚合物；可降解；应用		

发明名称	一种PHA多孔纳米颗粒涂布的吸油纸及其制备方法		
公开号	CN106320086B	申请日期	2016-08-31
同族	无	法律状态	有效
摘要	本发明公开了一种PHA多孔纳米颗粒涂布的吸油纸及其制备方法，属于吸油纸制备技术领域。该方法包括以下步骤：①将植物纤维加水疏解分散，在疏解植物纤维悬浮液中加入填料，搅拌混合均匀，抄造成纸，干燥，得到原纸；②将原纸剪裁后浸入多巴胺缓冲溶液中，干燥。将干燥后的纸张浸入含PHA多孔纳米颗粒的乳液中，然后放入烘箱干燥固化，得到PHA多孔纳米颗粒涂布的吸油纸。本发明将天然纤维与生物聚合物PHA通过生物粘结剂多巴胺进行结合，制作工艺简单高效，充分利用大自然赋予的绿色环保资源，规避了传统的石油基材料，可生物降解。通过将PHA改性为多孔纳米颗粒提高吸油性能，具有良好的应用前景		
技术问题	现有吸油纸吸油性能优良，但是依赖于石油基聚合物，降解性能差，给后续处理带来一系列问题。而且，石油基资源来源有限，以纤维为基材的生物质复合材料已经逐渐应用于各个领域，渗透到人们生活的各个方面。人们已经利用PLA和麻纤维复合涂布于纸张表面来抵抗水蒸气渗透性用于包装领域。现如今，生物基聚合物已经成为新时代研究和应用的热点。应用可以替代石油基材料的生物基聚合物，不但可以解决资源短缺的问题，还可以生物降解减少环境负担，避免环境的污染。在以往的研究工作中，提出了向植物纤维浆料中添加PHA来提高纸张吸油性能用作面部吸油纸的制备方法，为了提高植物纤维和PHA的相容性，对PHA进行了改性，通过接枝共聚马来酸酐基团，在PHA中引入亲水性基团从而可以更好地和纤维羟基基团结合。但是在制备PHA接枝共聚物时，步骤较为烦琐，为了改进制备工艺，本发明提出了一种更为高效的方法来开发PHA多孔纳米颗粒涂布的纤维基吸油纸，制备过程更加高效环保		
技术分支	天然纤维原料；制备工艺；聚合物；生物降解；应用纸		

发明名称	一种机械法制备壳聚糖及其衍生物纳米纤维的方法		
公开号	CN108547011A	申请日期	2018-05-31
同族	WO2019227848A1 | US20210238800A1	法律状态	审理中
摘要	本发明公开了一种机械法制备壳聚糖及其衍生物纳米纤维的方法。该方法首先将适当长度的壳聚糖纤维或壳聚糖衍生物纤维材料（简称壳聚糖纤维）加入水或适当浓度的碱液或酸液中进行预处理，然后将处理后的纤维进行磨解处理（优选制浆造纸过程中的打浆设备），得到微米级壳聚糖纤维，最后将微米级壳聚糖纤维高压均质，即可制得纳米壳聚糖纤维。经电镜图可知，制得的壳聚糖纤维达到纳米级别。该方法操作简单，便于开展工业化生产，制备出新形态的纳米壳聚糖纤维，在生物医疗、日用化工及特种材料方面具有广阔的应用前景		
技术问题	壳聚糖纳米粒子在生物医疗、与金属粒子复合材料方面得到广泛应用，但源于制备方法的限制其制备形态只能是类球形的颗粒，不能制备出其他形态，而纤维形态的纳米壳聚糖又拥有优异的性能，如较大的比表面积、高强度、高结晶度、超精细结构等。冷冻干燥的方法虽然可以制备纳米壳聚糖纤维，但是其制造成本高，处理过程中需要使用液氮，只能停留在实验室阶段，而且其制造尺寸难以控制		
技术分支	制备工艺；聚合物-壳聚糖		

发明名称	一种环保型植物纤维发泡吸声材料及其制备方法与滤水模具和成型装置		
公开号	CN109111754A	申请日期	2018-08-29
同族	无	法律状态	有效
摘要	本发明涉及了一种环保型植物纤维发泡吸声材料及其制备方法与滤水模具和成型装置。该环保型植物纤维发泡吸声材料用废纸及蔗渣为原料，经过纤维分离、帚化、碱预处理之后，并经过机械搅拌放入到滤水和成型装置中，将滤水成型后的发泡材料放入到微波炉进行微波发泡，并经过干燥、整理修饰后，即可得到具有一定孔隙结构的发泡材料。本发明材料价格低廉易得，通过选定特定的配方，增强内部孔隙结构，不仅具有吸声性能，同时还具有抗冲击、保温隔热、阻燃防腐，绿色可降解等优良特性。另外采用专门设计的模具，解决了现有自由发泡的问题，使得获得的发泡体表面均匀，中心无凹陷，且形状规整		
技术问题	植物纤维发泡材料的发泡工艺与一般发泡塑料的相比，具有不污染环境、制作工艺简单、成本低廉、原料来源广、防震隔震等优势，已被广泛应用于建筑、包装、汽车工业等领域。尤其在包装领域适用范围广泛，随着植物纤维发泡技术的进步，该制品可用于替代现在大范围使用的 EPS 泡沫内衬及填充包装。微波发泡具有均匀、高效的特点，微波辐射对纤维具有一定的改性作用，且微波加热速率快、穿透深度强、加热均匀、热梯度极小；微波发泡一次成型，设备要求简单，方便易操作		
技术分支	天然纤维原料；制备工艺；可降解		

发明名称	一种具有钢筋混凝土结构的高强纤维素/木素复合材料及其制备方法		
公开号	CN107042559B	申请日期	2017-03-30
同族	无	法律状态	有效
摘要	本发明公开了一种具有钢筋混凝土结构的高强纤维素/木素复合材料及其制备方法。该制备方法包括如下步骤：①将木材切成所需特定形状的木片；②将木片浸泡在含有亚硫酸钠、氢氧化钠和甲醇蒸煮液的反应釜中，蒸煮；③将蒸煮后的木片用清水洗涤，除去残余蒸煮液后，加压干燥，得到所述具有钢筋混凝土结构的高强纤维素/木素复合材料。本发明的复合材料具有钢筋混凝土结构，抗张强度最高达 810 MPa，是原始木片的 20 倍。本发明制备方法工艺简单，制备过程中不需要添加任何难以生物降解和对环境有害的物质，是一种高效率、环境友好的制备方法		
技术问题	目前纳米纤维素的制备能耗高、效率低，因此，现阶段存在工业化前景不明朗、成本高等问题		
技术分支	天然纤维原料；制备工艺；应用-建筑		

发明名称	可生物降解的复合材料及其制备方法和应用		
公开号	CN106750553B	申请日期	2017-03-02
同族	无	法律状态	有效
摘要	本发明涉及一种可生物降解的复合材料及其制备方法和应用。该复合材料以纯环氧大豆油树脂为粘合剂，并与植物纤维基材共混，制备高含量植物纤维的复合板材，其制备方法包括以下步骤：对植物纤维原料进行预处理，以破坏所述植物纤维原料的束状结构，得到长径比为400~1 000的植物纤维，再将其置于水中并高剪切分散均匀，抽滤，烘干，得到植物纤维基材；将多元酸或者多元酚固化剂溶于第一溶剂中，然后加入环氧大豆油，加热搅拌，制备预聚体，冷却后再加入第二溶剂，得到环氧大豆油预聚体溶液；将所述环氧大豆油预聚体溶液与所述植物纤维基材共混，挥发溶剂，得共混物，将所述共混物在模具中进行分段热压固化，即得。本发明制备得到的复合材料具备良好的生物降解性、拉伸强度、疏水性和热稳定性		
技术问题	植物油基热塑性树脂、热固性树脂等材料已逐渐被开发并被快速应用到包装材料、医疗设备、日用品、农业、汽车、船舶等领域。其中环氧大豆油作为已经工业化的产品已经在新材料的制备上得到了广泛的研究，尤其是热固性树脂的制备，但依然普遍存在树脂强度差的问题		
技术分支	天然纤维原料；制备工艺；聚合物；生物降解		

发明名称	一种解除蒸汽爆破植物纤维生化抗性的方法		
公开号	CN110485187A	申请日期	2019-07-02
同族	无	法律状态	有效
摘要	本发明公开了一种解除蒸汽爆破植物纤维生化抗性的方法。该方法通过将经蒸汽爆破方法处理过的植物纤维送入超临界反应系统中，利用超临界二氧化碳流体、乙醇和水组成的具有流动性的混合物对蒸汽爆破植物纤维进行活化。本发明具有工艺简单、条件温和的优点，实现了蒸汽爆破植物纤维中半纤维素的高效降解、发酵抑制物的高效脱出以及木质素的高效解离，有效地降低了蒸汽爆破处理植物纤维的生化抗性，获得植物纤维用于酶解制糖则拥有较高的葡萄糖得率		
技术问题	蒸汽爆破预处理植物纤维是一种高效的植物纤维预处理技术，主要包括间歇式蒸汽爆破处理技术和连续式蒸汽爆破处理技术，使用的蒸汽通常有饱和水蒸气和氨气。蒸汽爆破法处理植物纤维通常只能够有效地降解植物纤维中的半纤维素，无法有效地脱除木质素。在蒸汽爆破处理过程中，半纤维素降解形成的糠醛类物质会残留在植物纤维表面，木质素只能发生有限的断裂。糠醛的生物毒性以及木质素形成的包覆物低效脱出仍然会使得预处理后的植物纤维有着较高的生化抗性，有碍于植物纤维的进一步资源化利用		
技术分支	天然纤维原料；制备工艺		

发明名称	木质纤维素超临界二氧化碳爆破及其组分分离方法		
公开号	CN108385421B	申请日期	2018-04-08
同族	无	法律状态	有效
摘要	本发明提供了一种木质纤维素超临界二氧化碳爆破及其组分分离方法，包括以下步骤：向生物质物料中加水混合均匀后，进行超临界二氧化碳爆破处理：通入二氧化碳，加压，维持温度和压力稳定后，迅速卸压；热水抽提；蒸煮抽提分离出部分木质素，得到的固体剩余物的主要成分为纤维素。该爆破预处理方法具有物理和化学两方面的效果：物理上可以极大破坏物料的表观结构，促进后处理对化学试剂等的可及性，提高处理效率；化学上二氧化碳和水提供的酸性环境，促进了对半纤维素及果胶质的水解及木质素的降解，降低了后处理的强度。该方法能耗低、处理效率高、对环境污染小		
技术问题	当前对生物质资源的利用还不够充分，大量的生物质资源如秸秆等农作物废弃物主要被燃烧或填埋还田，对生物质的利用效率低。物理化学法主要有蒸汽爆破和氨纤维爆破等。蒸汽爆破的综合处理效果较好，但处理温度较高，增加了能耗，且容易对组分造成降解；而氨纤维爆破存在环境污染的问题。基于此，有必要提供一种能耗低、处理效率高、对环境污染小的木质纤维素组分分离方法		
技术分支	天然纤维原料；制备工艺		

发明名称	一种润墨性可控的抗菌书画纸及其制备方法		
公开号	CN107338673B	申请日期	2017-07-21
同族	无	法律状态	有效
摘要	本发明公开了一种润墨性可控的抗菌书画纸及其制备方法。该润墨性可控的抗菌书画纸包括原料和助剂，所述的原料按质量份数计，包括以下组分：漂白竹浆纤维 50~70 份，龙须草纤维 30~50 份；以浆料绝干计，所述的助剂按质量份数计，包括以下组分：复合抗菌剂 0.8~1.6 份，分散剂 0.1~0.4 份，助留剂 0.05~0.1 份，轻质碳酸钙 1.0~10.0 份。本发明中使用壳聚糖与无机银离子复合抗菌剂，在起到抗菌防腐效果的同时利用壳聚糖增强作用，提高了纸页各项强度指标；并通过控制轻质碳酸钙用量来改善纸张润墨性能，提高本发明书画纸的适用性		
技术问题	基于目前机制书画纸由于原料以及纸页抗菌能力差的现状，有必要寻求一种低成本、高效用的抗菌防腐工艺，弥补机制书画纸耐久性差的缺点；同时寻求一种切实可控的润墨性调节方法，以生产不同润墨性的书画纸，满足不同人群的需要		
技术分支	天然纤维原料；制备工艺；聚合物-壳聚糖；应用-纸		

发明名称	一种绿色医疗阻菌包装用纸及其制备方法		
公开号	CN107354821B	申请日期	2017-06-27
同族	无	法律状态	有效
摘要	本发明属于生物质材料与医疗卫生交叉领域，具体公开了一种绿色医疗阻菌包装用纸及其制备方法。所述制备方法为：将竹纤维或麻纤维抄造成纸，干燥后取纳米纤维素悬浮液和水溶性壳聚糖溶液分别涂布于纸张的面层和底层，干燥后获得3层结构的医疗阻菌包装用纸。所制备的绿色医疗阻菌包装用纸使用的材料均是天然可降解材料，绿色医疗阻菌包装用纸的面层孔隙尺寸小于500 nm，阻菌性能优良		
技术问题	目前国内医疗包装用纸市场主要被德国、日本的产品所占据，开发具有自主知识产权的医疗包装用纸具有良好的经济效益和社会效益。此外，传统医疗包装用纸不仅制备过程复杂，而且组成原料也相对复杂，因而使用天然原料制备的绿色高性能产品将是发展趋势		
技术分支	天然纤维原料；制备工艺；聚合物-壳聚糖；应用-纸、医用		

发明名称	一种纤维素基层次多孔碳材料的制备方法及其应用		
公开号	CN108862274B	申请日期	2018-07-17
同族	无	法律状态	有效
摘要	本发明公开了一种纤维素基层次多孔碳材料的制备方法及其应用。该方法包括以下步骤：①将漂白亚麻浆进行打浆，打浆度为60~90°SR，然后离心脱水，使其固含量为30%~50%，得到高打浆度亚麻浆纤维；②将氢氧化钾、尿素和高打浆度亚麻浆混合均匀后加水溶解，再烘干水分，得到氢氧化钾/尿素/亚麻浆纤维素基前驱体；③将氢氧化钾/尿素/亚麻浆纤维素基前驱体在真空条件下进行高温碳化，然后用盐酸刻蚀、水洗、抽滤，最后真空干燥，得到纤维素基层次多孔碳材料。本发明利用氢氧化钾和尿素产生协同作用活化碳材料，制备高比表面积的层次多孔活性炭对水体重金属离子的吸附具有显著的效果，可应用于重金属离子吸附及电极材料等领域		
技术问题	活性多孔炭作为吸附剂，不但具有非常丰富的孔隙结构和巨大的比表面积，而且其表面上具有丰富的羟基、羧基、羰基等官能团，具有良好的亲水性及化学修饰。因此，提供了一种高比表面积的层次多孔碳材料并用于去除水体中的重金属离子具有重要现实意义		
技术分支	天然纤维原料；制备工艺；应用-工业		

发明名称	一种秸秆纳米纤维素/甲壳素晶复合膜及其制法与应用		
公开号	CN107540858B	申请日期	2017-08-29
同族	无	法律状态	有效
摘要	本发明属于纳米复合材料领域，公开了一种秸秆纳米纤维素/甲壳素晶复合膜及其制法与应用。所述的秸秆纳米纤维素/甲壳素晶复合膜的制备方法为：采用TEMPO氧化法制备秸秆纳米纤维，用酸水解的方法制备纳米甲壳素，将二者和聚丙烯酰胺按照一定比例搅拌混合均匀作为成膜液，进行脱气处理后取适量成膜液置于硅板上，在一定转速下旋转，甩掉多余的成膜液，依次往复操作数次后揭膜，再将复合膜在一定压力下压膜即可得到高强度复合膜。所述秸秆纳米纤维素/甲壳素晶复合膜不仅具有良好的透光性，且强度有了很大的提高，可以应用到抗菌领域、膜电极材料、柔性电子器件等多个领域		
技术问题	现有技术报道中虽然有关于纳米纤维素和纳米甲壳素制备的研究，也有少量关于纳米甲壳素和纳米纤维素混合制备透明膜的报道，但是其制备方法多为流延法和抽滤法，效率较低，并且膜的厚度和各项性能差异很大，不适合大面积推广		
技术分支	天然纤维原料；制备工艺；聚合物-甲壳素；生物降解		

发明名称	荧光植物纤维及其制备方法、荧光纸及其应用		
公开号	CN110041535B	申请日期	2019-05-10
同族	无	法律状态	有效
摘要	本发明提供了一种荧光植物纤维及其制备方法、荧光纸及其应用，属于荧光纸技术领域。本发明提供了一种荧光植物纤维的制备方法，包括以下步骤：提供植物纤维浆料，利用TEMPO催化氧化体系对植物纤维进行氧化，得到含羧基的植物纤维，然后将其分散在水中，然后加入含稀土离子的水溶液，使得含羧基的植物纤维吸附稀土离子，再加入沉淀剂进行沉淀，经过后处理得到荧光植物纤维。该方法简单，反应条件温和，无须昂贵的原料或仪器，可规模化生产。制备出的荧光植物纤维应用于荧光纸，具有优异的荧光强度、可书写性和柔韧性等，可作为防伪纸应用于功能包装材料。且所用天然纤维可完全生物降解，没有造成二次污染		
技术问题	目前在制造防伪纤维过程中，主要是通过向石油基化学纤维（聚丙烯纤维、聚乙烯纤维、聚氯乙烯纤维、聚酯纤维等）或植物纤维中添加呈现不同颜色的荧光粉，通过物理共混、熔融挤出复合或化学嫁接等工艺制备得到的荧光功能纤维。但此种方法制备的荧光粉在进行下一步应用时，仍存在难以再分散的问题。同时，功能纤维制备工艺复杂烦琐，对设备要求比较高，并且价格昂贵		
技术分支	天然纤维原料；制备工艺；生物降解		

发明名称	一种纳米纤维素纤丝/PBAT薄膜及其制备方法与应用		
公开号	CN111925631A	申请日期	2020-07-31
同族	无	法律状态	审理中
摘要	本发明公开了一种纳米纤维素纤丝/PBAT薄膜及其制备方法与应用。该纳米纤维素纤丝/PBAT薄膜的制备方法包括如下步骤：①将植物纤维素纸浆放入缓冲液中进行浸泡、洗涤，配制得到植物纤维素纸浆悬浮液I；②然后采用超微粒粉碎机进行粉碎，得到水分散体系的纳米纤维素纤丝；③用有机溶剂离心洗涤后进行改性处理，再洗涤、配制得到有机溶液；④最后与PABT混合，通过流延法制备纳米纤维素纤丝/PABT复合薄膜。本发明通过简单的机械法制备纳米纤维素纤丝，通过改性处理，制备获得纳米纤维素纤丝/PBAT复合薄膜，具有良好的生物可降解特性和机械性能，而且操作简单。该薄膜在包装和农业具有潜在应用价值		
技术问题	目前有文献报道使用微晶纤维素与PBAT共混制备复合材料。然而，由于混合材料本身的缺陷导致混合材料机械性能一般，界面能不匹配相容性差，直接影响复合材料的使用。另有文献报道使用酸法制备纳米纤维素晶体与PBAT共混。然而，酸法会使纤维素严重降解，无法保留纳米纤维素的非结晶区，使纳米纤维素的得率降低，并且无法使纳米纤维素形成分丝帚化。机械法制备的纳米纤维素纤丝具有较多分丝帚化和更高的纳米纤维素纤丝得率。目前没有关于机械法改性纳米纤维素纤丝/PBAT复合薄膜制备的报道		
技术分支	天然纤维原料；制备工艺；聚合物-PABT		

发明名称	一种生物基非对称柔性力敏传感材料及其制备方法		
公开号	CN107389232B	申请日期	2017-06-15
同族	无	法律状态	有效
摘要	本发明公开了一种生物基非对称柔性力敏传感材料及其制备方法，属于先进功能材料的制备领域。该方法包括以下步骤：①在可完全生物降解的纤维表面负载或组装上零维、一维或二维的导电纳米材料，制得两片导电性不同的导电纤维布；②在电阻较大的导电纤维布两端同时接上正、负电极；③将两片导电性不同的导电纤维布“面对面”贴合并封装，得生物基非对称柔性力敏传感材料。本发明所采用的高分子骨架材料是完全可生物降解天然高分子材料，具有环境友好的特点；而且本发明的力敏传感材料对压力、弯曲形变、扭曲形变的灵敏度均优于目前已报道的大部分压阻式柔性力敏传感材料，且表现出超强的稳定性与检测极限以及出色的柔韧性		
技术问题	当前电子产品的更新速率非常快，这种不可生物降解的高分子基体显然不适合当前电子材料的发展趋势，因此有必要开发一种具有优异的传感性能且可以生物降解的柔性力敏传感材料		
技术分支	天然纤维原料；制备工艺；聚合物；生物降解；应用-电子		

发明名称	一种木质纤维同步制备高纯纤维素和木质素纳米颗粒的方法及其应用		
公开号	CN110485188B	申请日期	2019-07-16
同族	无	法律状态	有效
摘要	本发明公开了一种木质纤维同步制备高纯纤维素和木质素纳米颗粒的方法及其应用。该方法包括如下步骤：①将木质纤维生物质加入到有机酸-过氧化物混合溶液中，于50~90 ℃条件下反应1~4 h，过滤，取固体；然后再次加入相同体积的有机酸-过氧化物混合溶液，于50~100 ℃条件下反应1~4 h，待反应结束后，过滤，分离得到固体残渣和液体；其中，固体残渣即为高纯纤维素；②往步骤①中得到的液体中加入超纯水，静置，离心，得到木质素纳米颗粒，其中，液体与超纯水的体积比为1∶(1~10)。本发明方法实现了高纯纤维素和纳米木质素颗粒的同步制备，所获得的木质素纳米颗粒具有纳米效应且粒径分布均匀，其分散性好		
技术问题	目前木质素纳米颗粒的生产多使用有机溶剂处理已经获得的碱木质素，然后用大量的水进行透析，从而获得木质素纳米颗粒。这种制备方法不仅消耗大量的水而且污染环境，制约着纳米木质素的工业化推广		
技术分支	天然纤维原料；制备工艺；生物降解		

发明名称	一种球形纳米纤维素及其制备方法		
公开号	CN108589372B	申请日期	2018-04-17
同族	无	法律状态	有效
摘要	本发明公开了一种球形纳米纤维素及其制备方法。该方法包括以下步骤：称取桉木纤维浆，加入溶胀剂对桉木纤维浆进行润胀预处理，然后离心并弃去上清液，蒸馏水洗涤沉降后的预处理物，重复多次后将浆料加入到烧杯中；将烧杯置于恒温振荡器中，在烧杯中加入复合酶溶液，进行酶解反应，反应结束后90 ℃失活；进行离心洗涤分离：离心沉降，弃去上清液后再加入稀酸溶液分散并洗涤沉淀物，之后再次离心沉降；沉降-洗涤过程重复3次后，离心，取上清溶液，获得球形纳米纤维素样品。本发明制得的纳米晶体纤维素粒径分布均匀集中在20~70 nm，采用的酶解制备方法操作简洁易行，工艺绿色环保，对环境无污染		
技术问题	目前常用的制备方法都存在这一些局限性，例如机械法对设备要求较高能源消耗较大，酸水解法会产生大量的酸性废水且后续透析时间较长。球形纳米纤维素区别于传统的高长径比的纤维素纳米纤维，具有高吸附性能高透光性，因此很有必要探索一种工艺简单、绿色环保的制备球形纳米纤维素的方法		
技术分支	天然纤维原料；制备工艺		

发明名称	一种全棉秆制备溶解浆的方法		
公开号	CN108797176B	申请日期	2018-06-06
同族	无	法律状态	有效
摘要	本发明公开了一种全棉秆制备溶解浆的方法。本发明采用有机醇和碱预处理提取半纤维素及去除脂肪类和蜡质等物质；有机醇辅助硫酸盐蒸煮法去除木质素制浆；有机酸后处理去除残余灰分无机盐等。该方法包括以下步骤：将备好的棉秆进行预处理；预处理后的棉秆浆进行乙醇辅助的硫酸盐法蒸煮；有机酸后处理去除残余灰分；螯合处理及漂白。本发明的有益效果是：①有机醇辅助碱预处理、有机醇改进硫酸盐法蒸煮和有机酸后处理工艺，反应条件温和，温度低、时间短，生产效率高；②得到的棉秆溶解浆性能较好，同时也满足了粘胶纤维用溶解浆的质量要求。α-纤维素含量达到90%以上，多戊糖含量低于1.39%，灰分含量低于0.06%		
技术问题	由于单独的有机醇蒸煮时木素的脱除是一个自由基的反应过程，木素的溶出主要依赖于体系的酸度，来自纤维分离过程中原料的碳水化合物水解产生的酸。对木素含量高且难去除的棉秆来说，单独依靠有机溶剂法中体系的酸度很难达到大量脱木素的目的		
技术分支	天然纤维原料；制备工艺		

发明名称	一种动态共价交联的木塑复合材料及其制备方法与应用		
公开号	CN111393681B	申请日期	2020-04-17
同族	无	法律状态	有效
摘要	本发明属于材料化学领域，具体公开了一种动态共价交联的木塑复合材料及其制备方法。本发明以木质纤维素和未分离的木质生物质为原料，利用化学方法把木质生物质通过动态共价键作用固定在纤维素基动态共价聚合物网络中，制备高度交联的新型木塑复合材料。本发明所用的原材料可持续可降解、所涉及的化学反应均不需要使用催化剂且可以在温和条件下进行、制备的新型木塑复合材料具有更高的拉伸强度、更好的热稳定性。因此，与现有技术相比，本发明所制备的新型木塑复合材料具有高强度、高模量、热稳定性好、生产工艺简单、成本低、绿色环保等显著优势		
技术问题	这些传统的木塑复合材料依然存在很多缺点，如强度较低、韧性不足、热稳定性差、抗水性能差。而造成现有的木塑材料以上缺点的主要原因有两点：①构成木塑复合材料的聚合物基体是线性的热塑性聚合物，其力学特性和热稳定性明显低于高度交联的热固性聚合物；②聚合物基体表面缺少活性化学基团，无法和生物质基体形成稳定的共价键作用。因此，如何通过简单、绿色、温和和低成本的方法将生物质和生物质基热固性聚合物通过共价键连接，制备新型高性能木塑复合材料是林产化工行业亟需解决的关键问题		
技术分支	天然纤维原料；制备工艺；聚合物		

<table>
<tr><td>发明名称</td><td colspan="3">一种纯物理方法制备纳米纤维素纤丝的方法及其纳米纤维素纤丝</td></tr>
<tr><td>公开号</td><td>CN108978292B</td><td>申请日期</td><td>2018-06-27</td></tr>
<tr><td>同族</td><td>无</td><td>法律状态</td><td>有效</td></tr>
<tr><td>摘要</td><td colspan="3">本发明属于植物纤维材料领域，公开了一种纯物理方法制备纳米纤维素纤丝的方法及其纳米纤维素纤丝。本发明方法包括以下步骤：①使用精细切割磨通过干法高频切割将纤维素原料切割成粉末；②将步骤①的粉末配制成纤维素分散液，进行微细化磨浆，得到纤维素浆液；③将纤维素浆液进行高强微射流均质处理，得到纳米纤维素纤丝。本发明方法制备得到的纳米纤维素纤丝的直径为15～60 nm，长径比为40～200；与化学法相比，长度切断较少、拥有较长的长度且无化学试剂残留，可应用于食品、医药、材料、化工等领域。本发明方法采用纯机械法制备纳米纤维素纤丝，制备过程绿色环保，没有产生废水，对环境友好，而且工艺简单</td></tr>
<tr><td>技术问题</td><td colspan="3">近年来，研究者们使用多种方法制备纳米纤维素，主要包括化学法、机械法和生物法。其中，TEMPO法、酸法、酶解法等方法应用广泛，但是此类方法涉及化学试剂，会对环境造成污染。而机械法操作简单，绿色环保</td></tr>
<tr><td>技术分支</td><td colspan="3">天然纤维原料；制备工艺</td></tr>
</table>

<table>
<tr><td>发明名称</td><td colspan="3">一种纤维素纸/动态共价聚合物复合包装材料及其制备方法与应用</td></tr>
<tr><td>公开号</td><td>CN111485447B</td><td>申请日期</td><td>2020-04-17</td></tr>
<tr><td>同族</td><td>无</td><td>法律状态</td><td>有效</td></tr>
<tr><td>摘要</td><td colspan="3">本发明属于材料化学领域，具体公开了一种纤维素纸/动态共价聚合物复合包装材料及其制备方法与应用。所述纤维素纸/动态共价聚合物复合包装材料的制备方法，包括以下步骤：制备动态共价聚合物，将动态共价聚合物和纤维素纸复合，得到纤维素纸/动态共价聚合物复合材料，然后对纤维素纸/动态共价聚合物复合材料热压处理，得到纤维素纸/动态共价聚合物复合包装材料。本发明使用的聚合物基体-聚亚胺可以利用廉价的反应单体在室温下快速合成。同时聚亚胺具有良好的热加工特性、自愈合特性、化学降解性能和循环利用性能。另外只需要通过简单的浸渍、喷涂或涂布，并辅热压处理就可以把纤维素纸和聚亚胺复合，获得纤维素纸基包装材料</td></tr>
<tr><td>技术问题</td><td colspan="3">尽管当前通过化学气相沉积、复合石墨烯、纸塑复合、天然聚合物涂布的方法和技术已经获得了具有替代传统塑料可能性的纤维素纸复合材料，但是这些复合材料依然存在生产成本高、降解性能差、抗水性能低和热加工性能差等缺点。因此，开发一种低成本的技术将纤维素纸转化为生物基包装材料的技术是非常必要和有意义的</td></tr>
<tr><td>技术分支</td><td colspan="3">天然纤维原料；制备工艺；聚合物；应用-包装；生物降解</td></tr>
</table>

发明名称	一种低能耗、高得率隔氧纸基浆料预处理工艺		
公开号	CN113073488B	申请日期	2021-04-23
同族	无	法律状态	有效
摘要	本发明公开了一种低能耗、高得率隔氧纸基浆料预处理工艺。包括以下步骤：将漂白木浆板进行疏解。疏解体系为稀硝酸钾水溶液，浆板疏解浓度为3%（质量分数），疏解时间为15~60 min对疏解浆料进行浸润预处理。预处理完成后的浆料经PFI磨盘打浆及平衡水分后，可直接用于隔氧纸基材料的抄造。相比于传统直接打浆获得高打浆度浆料工艺来说，该预处理工艺具有方法步骤简单、能显著降低打浆能耗、浆料得率高的特点，浆料经抄造后得到的纸张紧密，具有优异的隔氧功能，可用于食品包装等领域。疏解溶剂体系及碱醇浸润溶剂均可多次重复使用，有效降低制浆过程的环境污染		
技术问题	为获得高打浆度浆料，传统方法多采用分段数次打浆的方式，其存在机械磨损严重、打浆能耗过高等问题。大量研究表明，采用预处理与打浆相结合的方式，可以有效减少打浆段数，从而降低打浆能耗。预处理主要包括酸处理、碱处理、化学氧化处理和酶处理。其中，酸处理浓度通常为1%~5%，所需温度通常大于60 ℃，时长1~5 h，纸浆得率大于86%，但其具有成纸强度低、纸张易发脆等缺点。酸处理效率较低，后续洗涤至中性需要消耗大量的水资源。碱处理能够有效改善纤维间的润胀程度，碱处理浓度通常在3%~6%，浆料得率通常在85%~94%，但其处理条件需严格控制，否则会造成纤维素大量溶解等问题。酶处理效果好、得率高，如用纤维素酶处理漂白阔叶木浆，当酶用量为8 U/g，处理时间为2 h时，浆料纤维水解率不超过0.5%，与未经酶预处理相比，节能约50%，但酶价格高昂，且酶活性受环境影响因素较严重，具有难以储存等问题，不适合运用于实际工业化生产中。因此，采用环境友好、降低制浆过程能耗的预处理工艺尤其重要		
技术分支	天然纤维原料；制备工艺；应用-包装		

发明名称	一种解构玉米秸秆木质纤维素提取木质素、纤维素及糖的方法		
公开号	CN114196039A	申请日期	2021-11-23
同族	无	法律状态	审理中
摘要	本发明属于玉米秸秆木质纤维素解构技术领域，提供了一种利用有机酸从木质纤维素中提取木质素、纤维素与低聚糖的方法。本发明方法包括以下步骤：将木粉与酸溶液和催化剂混合均匀，加热反应后，酸洗过滤，分离，得到纤维素固体与黑液，将分离黑液旋蒸，加水充分溶解得到木质素固体与糖液。本发明在低温条件下完整地保留木质素与纤维素的功能结构，同时将半纤维素转化为具有高利用价值的低聚木糖，有利于木质素与纤维素的进一步加工利用。本发明的方法可以实现木质素提取率93.90%，纤维素损失率为0.58%，半纤维素转化率92.55%，低聚木糖收率为66.70%，木糖收率17.83%，实现木质纤维素的三组分综合利用		
技术问题	传统的木质纤维素解构技术一方面难以改变高温处理对纤维素、木质素结构的破坏，另一方面制衡于处理耗时长，酸解液处理工艺复杂。因此，木质素靶向的处理技术，通常使用高温高压，该处理条件难以避免糖类物质降解而流失，降低纤维素利用效率与产品纯度。而纤维素与半纤维素靶向的处理技术通常使用高温高酸等苛刻处理条件，其工艺环境难以控制糖降解副反应，降低糖收率，同时导致木质素中易于断裂的β-O-4键缩合为难以断裂的C—C键，从而加大木质素解聚难度，进一步制约木质纤维素生物质高效利用。因此，要提高木质纤维素的高值化利用空间，需要解决的首要问题是如何在温和的低温环境下解构木质纤维素，打破其致密结构，实现总纤维素高效水解为葡萄糖、木糖等糖类平台化合物并高效分离出非缩合木质素，进而促进木质纤维素三大成分的全组分利用		
技术分支	天然纤维原料；制备工艺		

发明名称	一种细菌纤维素-植物纤维复合导电纸及其制备方法与应用		
公开号	CN111074669B	申请日期	2019-12-25
同族	无	法律状态	有效
摘要	本发明公开了一种细菌纤维素-植物纤维复合导电纸及其制备方法与应用。该方法将细菌纤维素与植物纤维复合成纸，然后通过浸渍法或涂布法将导电填料负载到复合纸上制备导电纸。所述细菌纤维素是由细菌微生物分泌合成的纤维素或改性细菌纤维素。导电填料为碳纳米管、银纳米线、碳纤维、石墨烯等具有导电性能的填料。植物纤维浆料为木材纤维、非木材植物纤维或二次纤维通过机械或化学制浆法等制备的造纸纸浆原料，包括阔叶木浆、针叶木浆、蔗渣浆、竹浆、草浆、二次纤维浆等。该方法制备的导电纸具有制作简单、导电能力强、机械稳定能力高、导电填料浸出率低以及循环使用能力强等优点，在纸基导体、纸基电极、纸基电容器等应用中具有优异的性能		
技术问题	Sun 等将多壁碳纳米管与植物纤维快速混合，真空抽滤，该材料具有 68 F/g 的比电容。该材料在 2 000 次循环充放电后，比电容保持率只有 41%。该方法制备的纸电极稳定性不够高，电容性较差		
技术分支	天然纤维原料；制备工艺		

发明名称	一种高透明高强度的纳米纤维素柔性膜及其制备方法与应用		
公开号	CN113402745B	申请日期	2021-05-24
同族	无	法律状态	有效
摘要	本发明属于纳米纤维膜材料的技术领域，公开了一种高透明高强度的纳米纤维素柔性膜及其制备方法与应用。方法：①将酶解的针叶木浆中纤维素的羟基氧化成醛基，获得双醛纳米纤维素；将双醛纳米纤维素中醛基氧化成羧基，高压均质，获得双羧基纳米纤维素；②将双羧基纳米纤维素、多元醛类化合物和多元醇类化合物混匀，获得成膜液，成膜，获得高透明高强度纳米纤维素柔性膜。本发明的纳米纤维素柔性膜透光率高、强度高、柔性好。本发明的双羧基纳米纤维素的悬浮液在用于化妆品乳液时，用作固体粒子稳定剂，稳定乳液；本发明制备得到的纳米纤维素柔性膜应用于食品包装		
技术问题	以纤维素或者纳米纤维素制备得到的膜材料，虽然强度很高，但存在脆性大、一折就断的缺点，这对膜材料的应用也是一个很大的挑战。如何制备出强度高、透光率高的柔性纳米纤维素膜材料成为人们需要解决的问题之一		
技术分支	天然纤维原料；制备工艺；应用-包装		

发明名称	一种高分离通量和抗菌防霉的超疏水油水分离纸及其制备方法		
公开号	CN113622215B	申请日期	2021-07-23
同族	无	法律状态	有效
摘要	本发明属于超疏水纸制备技术领域，公开了一种高分离通量和抗菌防霉的超疏水油水分离纸及其制备方法。方法：①将纤维素纤维浆料、壳聚糖纤维浆料、单宁酸、硅烷偶联剂、长碳链硅烷与醇类溶剂混合，反应，获得复合浆料；②将复合浆料抄造成纸张，干燥，超疏水油水分离纸。本发明的方法简单，反应条件温和，原料绿色环保；本发明制备的超疏水油水分离纸与水的接触角大于150°，滚动角小于10°，油水分离通量最高可至23 692 L/(m^2·h)，分离效率>99%，具有很好的耐摩擦特性，可重复循环多次使用；制得的超疏水油水分离纸具有优越的抗菌防霉性能		
技术问题	专利CN107326736B将预处理后的纸浆纤维置于阳离子淀粉溶液中浸泡，然后置于海藻酸钠溶液中浸泡，得到改性的纸浆纤维，并采用纸张成型器抄纸；之后将抄造的纸张浸渍在氯硅烷溶液中反应，得到高强度超疏水纸。这种方法的工艺步骤较多，需要多次改性，且制得的超疏水纸往往都很致密，无法应用于油水分离		
技术分支	天然纤维原料；制备工艺；聚合物-壳聚糖；生物降解		

发明名称	一种超支化木质素基阳离子淀粉多功能复合型絮凝剂及其制备与应用		
公开号	CN113651963B	申请日期	2021-07-16
同族	无	法律状态	有效
摘要	本发明公开了一种超支化木质素基阳离子淀粉多功能复合型絮凝剂及其制备与应用。本发明首先通过烷烃桥联反应提高木质素的分子量，然后对高分子量木质素进行羧甲基化改性，最后使用工业级阳离子淀粉为原料，通过交联剂，与改性的木质素进行接枝反应，合成具有优良絮凝性能的超支化木质素基阳离子淀粉多功能复合型絮凝剂。本发明方法有效地克服了木质素基絮凝剂的合成步骤烦琐、成本高、不可完全降解、产物分子量低、絮凝效率低以及絮凝范围单一的问题		
技术问题	作为废水处理的关键，国内外最常用的提高水质处理效率的方法是絮凝沉降，常用的絮凝剂为丙烯酰胺类聚合物PAM。目前以线性超高分子量阳离子型聚丙烯酰胺絮凝剂的应用最为广泛，但是使用时黏度大、溶解时间长，而且离子型单体随机分布于聚合物链上，电荷有效利用率低，并且存在生产成本高、技术难度大、不可降解等问题。因此，开发新型可降解阳离子型絮凝剂是提升污水处理技术的关键之一，也符合传统产品高值化的要求		
技术分支	天然纤维原料；制备工艺；聚合物-淀粉；应用-污水处理		

发明名称	一种全生物质基蜡乳液防水涂料及其制备方法与应用		
公开号	CN114561827A	申请日期	2022-02-25
同族	无	法律状态	审理中
摘要	本发明属于防水材料制备领域，提供了一种全生物质基蜡乳液防水涂料及其制备方法与应用。利用天然脂肪酸改性生物质多糖制备的两亲性衍生物构建水中稳定分散的自组装纳米胶束，利用两亲性生物质胶束实现多种生物蜡的水相分散和乳化，获得均匀、稳定的水性蜡乳液。该水性蜡乳液可通过喷涂、刮涂、浸渍等多种方式作用于纸、纸板、纸浆模塑等基底，实现纸基材料的高效防水。本发明的原料全部来自天然生物质资源，制备过程中不涉及任何有害化学品或有机溶剂的使用，操作简单，适宜工业化连续生产应用，所制备的生物质基蜡乳液能长期稳定存放、绿色无毒、价格便宜可再生，并具有良好的生物相容性、食品接触安全性和环境友好性		
技术问题	目前，改善纸质包装材料防水性能的手段主要有防水涂层和复合防水层。复合防水层通常是将塑料、薄膜等材料与纸质材料相复合，从而使其具有防水性。如现有聚乙烯涂布纸层压板，其具有优良的机械强度和防水性。但是对于基于这种技术制备的纸/聚合物复合材料，聚乙烯薄膜层很难与纤维素材料分离，使其不能被回收再利用，也无法在环境中降解		
技术分支	制备工艺；应用-包装		

发明名称	一种微/纳米纤维素纤丝/聚乙醇酸薄膜及其制备方法与应用		
公开号	CN112029124B	申请日期	2020-08-20
同族	无	法律状态	有效
摘要	本发明公开了一种微/纳米纤维素纤丝/聚乙醇酸薄膜及其制备方法与应用。该方法包括以下步骤：将纤维素原料浸泡在水中，配制为悬浮液，将悬浮液超微粒粉碎，得到微/纳米纤维素纤丝，配制成分散液；将分散液与聚乙醇酸溶液混匀，干燥，得到微/纳米纤维素纤丝/聚乙醇酸薄膜。本发明通过简单的机械法制备微/纳米纤维素纤丝，不使用酸或碱等化学药品，通过与聚乙醇酸溶液混合，制得微/纳米纤维素纤丝/聚乙醇酸复合薄膜，制备方法简单，工艺操作性简便，所制备的微/纳米纤维素纤丝/聚乙醇酸复合薄膜具有良好的生物可降解特性和机械性能。所述薄膜应用于包装基材增强和农业领域可减少和消除白色污染，具有广阔的社会效益和经济价值。所述纤维素原料为细菌纤维素、棉浆、麻浆、阔叶木纸浆及针叶木纸浆中的一种以上		
技术问题	机械法制备的微/纳米纤维素纤丝具有较多分丝帚化和更高的微/纳米纤维素纤丝得率。目前没有关于机械法改性微/纳米纤维素纤丝/聚乙醇酸复合薄膜制备的报道。因此，利用资源丰富、天然可再生的纤维素通过简单易行的机械法制备微/纳米纤维素纤丝，与聚乙醇酸复合制备高强度可降解的薄膜，具有广阔的市场前景、可观的经济价值和良好的环境效益		
技术分支	天然纤维原料；制备工艺；聚合物-聚乙醇；应用-包装		

发明名称	一种菠萝叶纤维增强的柔性电磁屏蔽膜及其制备方法		
公开号	CN113881108B	申请日期	2021-10-07
同族	无	法律状态	有效
摘要	本发明提供了一种超薄、轻质、柔性、高强、高导电的菠萝叶纤维增强的电磁屏蔽膜及其制备方法。本发明通过将菠萝全叶提取的高长径比一维菠萝叶微、纳纤维与高导电的二维过渡金属碳化物 Ti_3C_2TxMXene 结合，形成机械互锁结构，提升 Ti_3C_2Tx 基薄膜的柔韧性和机械强度，同时赋予复合薄膜优异的导电性能和电磁屏蔽性能，为生物质基可穿戴电磁屏蔽薄膜的应用开发提供了一种新工艺，为农业副产物绿色环保开发，及资源化、高值化利用提供一种新途径		
技术问题	近年来随着可穿戴和便携式电子器件的高速发展，能够同时满足超薄、轻质、柔韧、高机械性能的高介电电磁屏蔽材料已超越传统导电材料逐渐成为研究热点。传统的导电材料主要是金属及其相关制品，如银、铁、铜、镍等虽然具有较高的电磁屏蔽效率，但是这些导电材料均存在密度大、柔性差、难以降解等缺点，而且由于电磁波的强烈反射的原因大量使用这些金属作为电磁屏蔽材料的原材料容易造成二次污染。所以迫切需要寻求新的原材料、开发多功能的电磁屏蔽材料成为抑制电磁干扰、辐射，减少电子废弃物，保证电子设备长期正常运转和人类远离辐射伤害的重要议题		
技术分支	天然纤维原料；制备工艺；应用-电子		

发明名称	一种柔软易降解可冲散的植物纤维洁面巾及其制备方法与应用		
公开号	CN114808525A	申请日期	2022-05-26
同族	无	法律状态	审理中
摘要	本发明提供了一种柔软易降解可冲散的植物纤维洁面巾及其制备方法与应用。该方法包括以下步骤：将漂白阔叶木浆稀释后经碎浆、磨浆处理，得到打浆度为 18~20°SR 的短纤浆料；将漂白针叶木浆和漂白阔叶木浆混合，稀释后经碎浆、磨浆处理，得到打浆度为 22~24°SR 的长纤浆料；将短纤浆料和长纤浆料混合后加入质量分数为 10%~25%的再生纤维素纤维、柔软剂和湿强剂，再将混合浆料制成湿纸幅，湿纸幅经挤压脱水、水刺加固处理、压榨脱水和热风穿透干燥和刮刀起皱后得到原纸，最后在原纸表面喷涂护理清洁液，得到植物纤维洁面巾。本发明制得的植物纤维洁面巾具有良好的湿强度、吸水性能、抗拉性能和可分散性能		
技术问题	水刺法是目前无纺布生产过程中使用最广泛的纤维网加固工艺，通过高压水针穿刺纤维网并引起纤维运动和位移，进而纤维彼此重新排列和缠结，最终使纤维网机械强度提升，但纯纸浆原料不适用于水刺法原因在于纸浆纤维较短，无法彼此充分缠结，还易被高压水流冲垮原始结构		
技术分支	天然纤维原料；制备工艺；应用-非织造布		

发明名称	一种绿色可冲散纸用生物基助剂及其制备方法与应用		
公开号	CN114892437A	申请日期	2022-05-16
同族	无	法律状态	审理中
摘要	本发明公开了一种绿色可冲散纸用生物基助剂及其制备方法与应用。该纸用生物基助剂包括如下按质量百分数计的组分：魔芋精粉 0.3%~0.8%、皱波角叉菜提取物 0.3%~0.8%、黄原胶 0.05%~0.3%、柠檬酸钾 0.3%~0.8%、羧甲基纤维素 0.05%~0.3%、淀粉 0.2%~0.8%、水溶性硅油 0.05%~0.4%，水为余量。本发明中的纸用生物基助剂在生活用纸中可作为保湿剂、润滑剂和增强剂使用，降低生活用纸的粗糙感，增加纸的湿抗张强度，不易掉屑，更易吸水，制得的生活用纸如柔润纸等分散性好，不会对环境造成影响		
技术问题	生活用纸是现代社会生活必不可少的日常用品，随着生活用纸市场的逐渐发展，以及消费者对生活用纸使用感受和使用途径的不断要求，生活用纸的强度、湿水韧性以及安全性都成为影响消费者选择的因素。而过多的化学成分的添加，对人的皮肤存在潜在隐患。如季铵盐、滑石粉等一类柔软剂，有可能会破坏皮肤细胞，引起皮肤炎症。油脂润滑剂的添加，会使纸巾变得手感黏腻，纤维的结合力降低		
技术分支	天然纤维原料；制备工艺；聚合物-淀粉；生物降解；应用-纸		

发明名称	一种木质素/PBAT 复合材料及其制备方法与应用		
公开号	CN113402857B	申请日期	2021-06-09
同族	无	法律状态	有效
摘要	本发明公开了一种木质素/PBAT 复合材料及其制备方法与应用。所述木质素/PBAT 复合材料由以下质量百分数的组分制备而成：55~95 份 PBAT、5~45 份木质素或木质素/二氧化硅复合纳米颗粒、0.1~0.6 份抗氧化剂、0.2~1.5 份金属配位键助剂、0.1~0.6 份增塑剂、1~20 份微米或纳米纤维素。本发明通过在 PBAT 中添加木质素和添加剂，在木质素与 PBAT 相界面间构建非共价键连接的金属配位键，增强木质素与 PBAT 之间的界面结合力。微米或纳米纤维素的引入可以进一步增强木质素与 PBAT 之间构建氢键桥联作用，进一步提高界面结合力		
技术问题	木质素分子中含有大量的多酚和醌式结构使其极易团聚，与聚合物基体相容性差并且不易分散，直接将木质素引入 PBAT 基体中必然会导致木质素与 PBAT 基体严重的相分离，对材料性能造成严重负面影响。虽然国内外已有大量木质素与 PBAT 共混制备复合材料的研究报道，目前依然存在两个问题：①所制备的木质素改性 PBAT 复合材料力学性能下降严重；②木质素改性过程烦琐，无法有效降低成本		
技术分支	天然纤维原料；制备工艺；聚合物-PBAT；生物降解		

发明名称	一种绿色易降解可冲散的植物纤维清洁擦拭巾及其制备方法和应用		
公开号	CN114960289A	申请日期	2022-05-26
同族	无	法律状态	审理中
摘要	本发明公开了一种绿色易降解可冲散的植物纤维清洁擦拭巾及其制备方法和应用。该方法包括以下步骤：将漂白针叶木浆和漂白阔叶木浆加水稀释混合，经碎浆和打浆疏解，得到打浆度为30~35°SR的混合浆料；然后加入再生纤维素纤维和湿强剂，经湿法成形，抄造得到湿纸幅；湿纸幅经挤压脱水后进行水刺加固处理，再经真空压榨脱水和热风穿透干燥至水分低于8%，得到干燥后的纸幅；再在其表面涂覆增效生物基精华液，得到所述的植物纤维清洁擦拭巾。本发明制备的植物纤维清洁擦拭巾具有良好的湿强度、抗拉性能和可分散性能，在生活用纸方面应用前景好		
技术问题	目前市售的一次性清洁擦拭巾主要有面部擦拭巾和婴幼儿擦拭巾等，为单层无纺布结构，以棉纤维或粘胶纤维为原料通过湿法纺丝、水刺、针刺等技术制备而成。普通无纺布擦拭巾的质地不够柔软亲肤，吸水性能差，不能被水冲散，且使用后易变形起毛。另外，当前市场的普通无纺布擦拭巾成分较为单一，不含清洁、养护或消毒成分，因此适用范围较窄，只能配合化妆水或纯净水进行表面清洁		
技术分支	天然纤维原料；制备工艺；应用-非织造布		

发明名称	一种绿色易降解的植物纤维面膜及其制备方法与应用		
公开号	CN114983904A	申请日期	2022-05-16
同族	无	法律状态	审理中
摘要	本发明公开了一种绿色易降解的植物纤维面膜及其制备方法与应用。该方法包括以下步骤：①将至少两种植物纤维纸浆分别进行疏解打浆，得到打浆度均为25~30°SR的浆料，混匀，得到混合浆料；②将混合浆料经湿法成形抄造处理并脱水，得到脱水后的湿纸页；③将魔芋精粉、皱波角叉菜提取物、黄原胶、柠檬酸钾等与水混合得到增效生物基粘合胶；④将增效生物基粘合胶结合到湿纸页的两面，热风干燥，得到所述的绿色易降解的植物纤维面膜。本发明制备的植物纤维面膜具有良好的吸水性和可冲散性，绿色环保，能够有效降低对环境的污染		
技术问题	当前，面膜基布、一次性卫生用品、个人卫生护理用干湿巾等，产品废弃后不能自然降解，正在以新型白色垃圾的形式污染着环境，随着全球绿色环保材料的研究与发展，非织造产品以其独特的三维结构和优越的原料适应性能被广泛应用于卫生材料，环保节能、可降解材料越发被广泛关注		
技术分支	天然纤维原料；制备工艺；应用-非织造布		

发明名称	一种可降解榨渣纤维材料吸管及其制备方法		
公开号	CN115160815A	申请日期	2022-07-07
同族	无	法律状态	有效
摘要	本发明公开了一种可降解榨渣纤维材料吸管及其制备方法。该吸管成分包括：植物榨渣纤维30~55份、聚乳酸45~70份、聚丙烯酸钠0.5~3.5份、海藻糖1~10份、结冷胶1~20份、食用色素1~5份；植物榨渣纤维包括但不仅限于咖啡渣、甘蔗渣、茶叶渣等植物榨渣。上述原料经过高混机混合，利用基于体积拉伸流变塑化输运技术的偏心转子挤出机进行熔融共混成型加工，制成可降解榨渣纤维材料吸管，该吸管具有耐水性好、性能优良、成本低、可自然降解等优点		
技术问题	利用植物榨渣和PLA制成的可降解榨渣纤维材料吸管拥有极为广阔的发展前景；消费市场上出现大量可降解吸管产品，以纸吸管和PLA吸管为主流的可降解吸管却存在实用性、消费者体验等方面的缺陷。消费者使用纸吸管的口感差、耐水性能差，在常温25℃下，维持性能的时间不超过12 min；若使用PLA吸管，相较于纸吸管的口感以及耐水性、耐热性都有了极高的提升，虽然满足大部分消费者对吸管性能品质的需求，但是国际上PLA材料供不应求且价格也始终居高不下		
技术问题	除此之外，各大饮品企业特别是现制茶饮行业存在榨渣（包括但不仅限于咖啡行业的咖啡渣、茶饮行业的茶叶渣）的处理问题，以及以甘蔗为原料的制糖加工厂也有大量的甘蔗榨渣需要处理。这些榨渣的利用率低，企业需要耗费一定的经济成本处理，而一些企业则是直接将榨渣丢弃，这会对垃圾处理体系造成冲击，导致垃圾运输量更多，且榨渣混杂在其他大量垃圾之中，垃圾处理商进行垃圾处理、分类的难度更大；采用将榨渣进行集中填埋的处理方法会产生环境污染、加剧温室效应，例如，咖啡渣被填埋后会产生跟温室效应相关的气体——甲烷，其对环境危害甚于二氧化碳；将榨渣进行集中堆肥处理也需要3个月的时间发酵，处理周期冗长。植物榨渣属于天然生物质材料，直接进行堆肥发酵，利用率不高，直接丢弃或集中填埋更是浪费资源的表现		
技术分支	天然纤维原料；制备工艺；聚合物-聚乳酸；应用-吸管		

发明名称	一种利用咖啡渣制备再生复合膜的方法		
公开号	CN115232339A	申请日期	2022-07-20
同族	无	法律状态	审理中
摘要	本发明属于废弃物木质纤维原料咖啡渣的高值化利用加工领域，公开了一种利用咖啡渣制备高强度、抗紫外包装膜的方法。本发明所述方法不需要对咖啡渣中的纤维素、半纤维素以及木质素进行提取，直接利用对木质纤维原料具有良好溶解能力的离子液体或*N*-甲基吗啉-*N*-氧化物（NMMO）水溶液将咖啡渣与纸浆纤维溶解并制备成复合膜，提供了废弃物咖啡渣高值化利用的新途径，并且制备出的复合膜具有优异的物理性能和抗紫外性能，可以广泛应用于工业、农业、食品领域的包装材料等		
技术问题	现阶段工业上制备薄膜的基体材料多源于石油基材料，其难以降解，不符合国家对于环保可持续发展的总体要求。咖啡渣作为一种咖啡工业副产物，产量巨大且难以处理，但其作为木质纤维原料具备进一步利用的潜力。因此，有必要研究一种以咖啡渣与纸浆纤维为原料制备高强度、高紫外屏蔽能力的复合膜的方法，以实现对废弃物咖啡渣的高值化利用		
技术分支	天然纤维原料；制备工艺		

发明名称	一种强韧型高透光率纸张及其制备方法与应用		
公开号	CN115323826A	申请日期	2022-08-26
同族	无	法律状态	审理中
摘要	本发明公开了一种强韧型高透光率纸张及其制备方法与应用。所述方法如下：①采用氯化胆碱/乳酸 DES 脱木素获得纤维；②对其进行漂白和化学改性，获得纤维素聚合度高、可及度高的改性 DES 纤维；③将改性 DES 纤维在水中均匀分散后进行真空抽滤和逐步加压干燥，制备出强韧型高透光率纸张。本发明在制备过程中最大程度保留纤维自身强度并优化纤维间的结合强度，从而使纸张呈现出优异的力学性能，在绿色透明包装、光电器件等领域有潜在的应用前景		
技术问题	一次性塑料产品大量废弃引发的环境污染引起了政府以及学术领域的高度重视，开发生物质材料和可生物降解塑料是塑料污染治理的重要方式。纸张是一种有前景的生物质材料，其原料为纤维素纤维，具有可再生、可回收、可生物降解等特性。传统纸张可实现规模化生产，但与塑料相比，其透光率低且力学性能不佳。纳米纸的出现克服了传统纸张的上述问题，除此之外还具有优异的阻隔性能，但其制备工艺复杂、成本较高、难以实现规模化发展，限制了它作为塑料代替品的应用		
技术分支	天然纤维原料；制备工艺；应用-电子、包装；生物降解		

发明名称	一种活性包装膜及其制备方法		
公开号	CN114591525B	申请日期	2022-01-20
同族	无	法律状态	有效
摘要	本发明公开了一种活性包装膜及其制备方法。本发明的活性包装膜包括以下质量百分比的原料：淀粉为 65%~74%、纳米纤维素为 3%~5%、纳米粒子为 3%~5%、增塑剂为 20%~25%；所述纳米粒子包括以下质量百分比的原料：壳聚糖为 60%~65%、三聚磷酸钠为 20%~25%、单宁为 15%~20%。本发明的活性包装膜的制备方法包括以下步骤：①通过离子凝胶法制备纳米粒子；②制备包装膜；③将包装膜浸渍纳米粒子分散液，即得活性包装膜。本发明的活性包装膜可以缓慢释放纳米粒子中包封的天然抗菌剂单宁，具有长效抗菌和抗氧化性效果，且其强度大、透明度高、制备简单，适合进行大规模生产应用		
技术问题	抗菌包装中用于形成薄膜或涂层的抗菌剂载体包括蛋白质、多糖、脂质等可生物降解材料，常用的抗菌剂主要包括无机抗菌剂、有机合成抗菌剂和天然抗菌剂，而制备方法常采用共混浇铸、挤出成型、浸渍、涂布等。传统的抗菌包装是通过将抗菌剂直接添加到包装膜中进而赋予包装膜抗菌效果，该方法会改变包装膜的颜色与感官特性，会对食品造成影响，且抗菌活性物质还可能会与食品基质发生中和水解等反应而失活，难以做到长效抗菌，根本无法满足日益增长的实际需求		
技术分支	制备工艺；聚合物-淀粉、壳聚糖；应用-包装		

发明名称	一种木棉纤维真空绝热板芯材及其制备方法与应用		
公开号	CN113775855B	申请日期	2021-08-06
同族	无	法律状态	有效
摘要	本发明涉及新型生物基保温材料领域，公布了一种木棉纤维真空绝热板芯材制备方法，所述芯材由木棉纤维片层叠而成。具体制备步骤如下：①将原生木棉纤维粉碎，然后对粉碎后的木棉纤维进行预处理；②将预处理后的干燥木棉纤维在水中分散，通过抄造、抽滤等方法制成纤维片，再次干燥后，得到木棉纤维基真空绝热板芯材。本发明所用原料为天然植物纤维，绿色环保，自然条件下可生物降解，生产过程对人体无害，同时还可以增加木棉纤维的高值化应用途径，由该芯材制备的真空绝热板密度小、厚度薄、导热系数低		
技术问题	目前真空绝热板大规模应用的芯材主要有玻璃纤维、气凝胶、二氧化硅、聚氨酯泡沫等，但这些芯材存在生产环境恶劣、危害人体健康、生产成本高、对环境不友好等缺陷。近年来很多研究学者致力于寻找一种保温效果好、绿色健康、可再生的生物质材料		
技术分支	天然纤维原料；制备工艺；生物降解		

发明名称	一种植物基纤维素纳米纤丝及其制备方法与应用		
公开号	CN114075796B	申请日期	2020-08-20
同族	无	法律状态	有效
摘要	本发明公开一种植物基纤维素纳米纤丝及其制备方法与应用，属于纳米纤维素制备的技术领域。该方法包括球磨处理、高速剪切处理、低强度超声波处理。本发明采用球磨对植物基纤维浆料进行预处理，有利于增加纤维表面粗糙度，增强分丝帚化，促进纤维的解离和微细化。本发明采用低强度超声波分散处理，这是一种绿色温和的超声环境，有利于提高植物基纤维素纳米纤丝的结晶度。本发明采用球磨处理、高速剪切处理、低强度超声波处理相结合的物理制备方法，全过程未使用对环境有害的化学试剂，工艺简单易操作，为植物基纤维素纳米纤丝的规模化生产提供了经济绿色的方法。因此，对植物基纤维素纳米纤丝的绿色制备具有重要的意义		
技术问题	植物基纳米纤维素是造纸纤维原料的高值化利用，代表着制浆造纸行业转型升级的重要方向，其制备和应用是国际研究的热点。植物基纳米纤维素的绿色低成本制备是其实现产业化的必然趋势。植物基纳米纤维素的分级分离也是纳米纤维素研究领域的难题之一。对于植物基纤维素纳米纤丝，现有的成熟工艺主要集中于 TEMPO 介质氧化体系或高压均质等，虽然可以得到一定的产物，但存在严重的污染或者很大的能耗问题。关于纤维素纳米纤丝制备的相关研究不少，但是大多只停留在实验室研究阶段，能真正实现规模化生产的较少		
技术分支	天然纤维原料；制备工艺		

发明名称	花生壳木质纤维素/β-环糊精复合水凝胶吸附剂及制备方法与应用		
公开号	CN112934189B	申请日期	2021-02-08
同族	无	法律状态	有效
摘要	本发明公开了用于重金属废水处理的花生壳木质纤维素/β-环糊精复合水凝胶吸附剂及制备方法与应用。该方法包括以下步骤：①经盐酸预处理后的粉末浸泡在氢氧化钠、尿素和水的混合体系中得到木质纤维素溶液；②取上述溶液与丙烯酸、β-环糊精按比例混合均匀，加入交联剂和引发剂，水浴进行交联和聚合反应，反应结束后清洗即得到复合水凝胶。本发明的水凝胶吸附剂具有制作简单、单体来源广泛、成本低等优点，为花生壳的资源化利用提供了新的途径，可实现以废治废的目的；同时该凝胶具有较高的水溶胀性，使网络中的吸附位点得以充分的暴露，从而实现了对重金属离子的高效去除，可应用于各种含重金属废水的处理		
技术问题	花生壳是我国常见的一种农业废弃物，其具有来源广、产量大、木质纤维素含量多的优点。但仅使用花生壳或将其简单改性后获得的吸附剂对重金属离子的吸附量有限、吸附时间长，因此如何提升花生壳类吸附剂对重金属的吸附性能还有待研究		
技术分支	天然纤维原料；制备工艺；应用-污水处理		

发明名称	一种冷等离子体制备的双重交联纤维素基水凝胶及其制备方法与应用		
公开号	CN114230719B	申请日期	2021-12-10
同族	无	法律状态	有效
摘要	本发明公开了一种冷等离子体制备的双重交联纤维素基水凝胶及其制备方法与应用，属于纤维素基水凝胶领域。本发明将丙烯酸（AA）与2-丙烯酰胺-2-甲基丙烷磺酸（AMPS）加入纤维素溶液中，冷等离子体处理后搅拌混合均匀，静置，洗涤，干燥，得到双重交联纤维素水凝胶。所述纤维素溶液是将氢氧化钠/尿素体系预冷后，加入干燥的菠萝皮渣纤维素，搅拌分散至纤维素完全溶解，离心后得到。本发明以菠萝皮渣纤维素为原料，利用冷等离子体技术引发制备力学性能良好的双重交联纤维素基水凝胶，减少化学引发剂的使用，绿色环保。且水凝胶表面引入大量羧基，可以实现对污水中重金属离子的高效快速去除，达到以废治废的双重目的		
技术问题	水凝胶的制备引发技术主要是采用化学引发、紫外光引发和高能粒子辐射引发，这些引发技术制备的水凝胶大多存在未反应单体和引发剂残留、能耗高等问题		
技术分支	天然纤维原料；制备工艺；聚合物-AMPS；应用-污水处理		

发明名称	一种3D打印用ABS纳米线材的制备方法		
公开号	CN108822476B	申请日期	2018-05-07
同族	无	法律状态	有效
摘要	本发明公开了一种3D打印用ABS纳米线材的制备方法。该方法先用碱处理法从植物纤维粉末中制备出纤维素，再采用硫酸水解纤维素制备出纳米微晶纤维素，随后采用溶胶-凝胶法，以正硅酸乙酯作为前驱体，氨水作用下在水和乙醇混合溶剂中水解缩合出二氧化硅溶胶并沉积生长在纳米纤维素表面，从而制备出热稳定性良好的有机/无机杂化材料，并将其作为纳米填料与ABS塑料熔融共混挤出制备新型3D打印线材。本发明提供的线材性能稳定、力学性能良好、翘曲收缩率小，具有较高的经济价值和广阔的市场环境		
技术问题	ABS因其具有耐热、耐低温、抗冲击、制品尺寸稳定、表面光泽性好、易着色等优点，成为3D打印最常用的原料之一。但ABS塑料打印成型的制品同样存在各种瓶颈，如层粘结强度低、气味大、易翘曲变形、力学性能低于传统注塑工艺、力学向异性明显		
技术分支	天然纤维原料；制备工艺		

发明名称	一种半纤维素接枝聚环氧丙烷的合成方法		
公开号	CN102942691B	申请日期	2012-10-11
同族	无	法律状态	有效
摘要	本发明涉及一种半纤维素接枝聚环氧丙烷的合成方法。包括以下步骤：①溶解，将半纤维素加入到氯化锂与*N*,*N*-二甲基乙酰胺或*N*,*N*-二甲基甲酰胺中，在80~120 ℃氮气保护下搅拌3~5 h，全溶解半纤维素；②反应，将步骤①所得溶液降至室温，加入催化剂，搅拌10~30 min，加入环氧丙烷，在20~60 ℃下反应24~48 h；③沉淀与纯化，将得到的溶液加入到水-乙醇混合溶液中沉淀反应产物，经离心或过滤得到沉淀物；得到的沉淀物进行透析1~2 d；④干燥，本发明的方法所采用的催化剂与传统的氢氧化钾、双金属氰化物和稀土络合物相比，具有无副反应、无毒和价廉易得等优点		
技术问题	目前，对于环氧丙烷开环聚合反应研究集中于①催化剂，传统的碱金属氢氧化物如氢氧化钾等催化引发环氧丙烷开环聚合（专利号为98122854.2），但同时由于高的碱度导致甲基质子化从而产生大量的副反应；沈之荃和张一烽采用稀土络合催化剂制备高分子量聚环氧烷烃（专利号为85104956），该方法虽然聚合条件变化范围宽，但由于稀土不易获得，从而限制这种催化剂大规模使用；近年来采用双金属氰化物能够迅速可控的合成聚环氧烷烃，但该催化剂属于氰化物，对人体危害巨大。②起始剂，公开的专利多以低分子量单体如乙二醇、甘油、单糖、乙二胺和二氧化碳等（专利号01135931.5和200710055513.2）为起始剂，而以纤维素和半纤维素高聚物作为起始剂与环氧丙烷在氢氧化钾催化下的研究，只是制备了羟丙基纤维素或羟丙基半纤维素，并未接枝形成长分子链的侧链，而对于半纤维素接枝聚环氧丙烷的合成尚未见任何专利申请和报道		
技术分支	制备工艺		

发明名称	一种波长可控纤维素虹彩膜及其制备方法		
公开号	CN112280072B	申请日期	2020-10-29
同族	WO2022088339A1	法律状态	有效
摘要	本发明属于功能膜材料的技术领域，公开了一种波长可控纤维素虹彩膜及其制备方法。方法：①将CNC悬浮液与乳酸溶液、葡萄糖溶液混合均匀，获得CNC/乳酸/葡萄糖混合液；所述CNC悬浮液为纤维素纳米晶悬浮液；②将CNC/乳酸/葡萄糖混合液进行干燥成膜，获得纤维素虹彩膜。本发明的方法简单、成本低。本发明通过添加乳酸和葡萄糖的方式，使得所制备的膜具有虹彩膜特征；而且虹彩膜的波长在可见光区，并实现了虹彩膜不同颜色波长可控。所述CNC悬浮液通过以下方法制备得到：将木浆或纤维素与浓硫酸混合，在搅拌的条件下加热处理，加入水终止反应，离心，透析至中性，浓缩，获得CNC悬浮液		
技术问题	纯CNC制备的虹彩膜，具有脆性大、波长受外部条件影响大而不易控制等缺点，这严重影响了CNC虹彩膜的实用性。在专利申请（申请号CN201080019562.0）“纳米晶纤维素膜虹彩波长的控制”中采用了一种纯机械能输入的方法，获得期望或预定的虹彩波长。这虽然在一定程度上实现了波长可控，但纯机械能输入的方法耗能高、成本较大，并不适合企业的大规模生产		
技术分支	天然纤维原料；制备工艺；应用-电子；生物降解		

发明名称	一种超耐折纳米纤维素薄膜及其制备方法		
公开号	CN110551224B	申请日期	2018-05-30
同族	无	法律状态	有效
摘要	本发明公开了一种超耐折纳米纤维素薄膜及其制备方法，属于生物高分子材料领域。其制备方法如下：①纤维素纤维的羧甲基化改性；②羧甲基化改性后的纤维加入水分散后，经高压均质处理，制得纳米纤维素纤维；③用水将纳米纤维素纤维稀释后，加入培养皿中蒸发干燥，制得超耐折纳米纤维素薄膜。本发明的纳米纤维素薄膜，由于在制备过程中保持纤维高的聚合度以及长度从而具有优异的物理性能，耐折次数20 000~40 000次，拉伸强度150~220 MPa，透光率>90%，而且热稳定性好（初始热降解温度在250 ℃以上），在150 ℃下加热20 min返黄值（ΔYI）小于3%，因此，在能源与电子器件等领域具有广泛的应用前景。纤维为包括木材、棉、麻等在内的所有的天然纤维素纤维		
技术问题	纳米纤维素透明薄膜在透光率、表面性能、抗张强度等方面与当今主流的塑料衬底相近，但是其耐折度仅为几十甚至几次，远小于普通纸张（几百到几千次）和PET塑料衬底（30 000~40 000次）。低的耐折性能严重制约纳米纤维素透明薄膜在柔性电子器件的应用		
技术分支	天然纤维原料；制备工艺；应用-电子		

发明名称	一种芳纶纤维-植物纳米纤维复合芳纶纸及其制备方法与应用		
公开号	CN112553959B	申请日期	2020-11-03
同族	无	法律状态	有效
摘要	本发明公开一种芳纶纤维-植物纳米纤维复合芳纶纸及其制备方法与应用，属于特种纤维和特种纸生产领域。该制备方法包括芳纶纤维改性处理、芳纶纤维混合、添加植物纤维素纳米微晶、复合抄造处理。本发明采用化学与物理相结合的方法改性芳纶纤维，确保改性后对位芳纶短切纤维、对位芳纶沉析纤维能与植物纤维素纳米微晶有效结合，改善三种纤维之间界面结合力，使芳纶纤维与植物纳米纤维能紧密连接，提高复合芳纶纸的机械强度。将价格便宜的植物纤维素纳米微晶替代部分价格昂贵的芳纶纤维抄造生产复合芳纶纸，不仅能显著提高芳纶纸的机械性能，还能显著降低生产成本，具有巨大的市场潜力		
技术问题	芳纶纤维同碳纤维、聚酰亚胺纤维并称为世界三大高分子材料，已成为关键战略性材料。然而芳纶纤维表面光滑且缺少活性官能团，因此表面浸润性较差且与其他纤维结合能力较弱。为了加强芳纶纤维的应用，提升芳纶纤维的性能，有必要对芳纶纤维进行化学或物理改性，改善芳纶纤维的表面能，提升芳纶纤维与其他材料的界面结合状况		
技术分支	天然纤维原料；制备工艺；应用-纸		

发明名称	一种改性木质素-纳米纤维素薄膜在摩擦纳米发电机中的应用		
公开号	CN113054866B	申请日期	2021-04-09
同族	无	法律状态	有效
摘要	本发明公开了一种改性木质素-纳米纤维素薄膜在摩擦纳米发电机中的应用。本发明将季铵化木质素与纳米纤维素混合制备成季铵化木质素-纳米纤维素薄膜，将氧化木质素与纳米纤维素混合制备成氧化木质素-纳米纤维素薄膜，以季铵化木质素-纳米纤维素薄膜作为正极摩擦层材料，氧化木质素-纳米纤维素薄膜作为负极摩擦层材料，用于制备摩擦纳米发电机。季铵化木质素-纳米纤维素薄膜具有摩擦正极性，氧化木质素-纳米纤维素薄膜具有摩擦负极性，将两种木质素-纳米纤维素薄膜作为电极材料组装成摩擦纳米发电机，可显著提高其摩擦电输出电压。该摩擦纳米发电机可应用于自供电质量传感器，且其输出电压与待测物体质量有良好的线性关系。所述木质素为碱木质素、酶解木质素和木质素磺酸钠中的至少一种，所述碱木质素为木浆碱木质素、竹浆碱木质素和麦草浆碱木质素中的至少一种；所述纳米纤维素为羧甲基纳米纤维素和醚化改性纤维素中的至少一种		
技术问题	由于木质素本身的刚性结构以及难成膜的特点，单独使用木质素无法制备成摩擦纳米发电机，目前仅有的相关文献报道了使用木质素和淀粉混合制备复合薄膜作为摩擦供电子层，应用于摩擦纳米发电机中。虽然该报道解决了木质素难以在摩擦纳米发电机中应用的问题，但是该摩擦纳米发电机的吸电子层依旧使用了人工合成高分子材料，整体上仍缺乏良好的生物相容性和可生物降解性。再者，该复合材料使用的木质素仅有30%，若继续增大木质素的添加量会导致复合材料无法成膜的问题。此外，该文献报道的摩擦纳米发电机输出电压仅有1 V，电学性能方面仍有很大的提升空间		
技术分支	天然纤维原料；制备工艺；应用		

<table>
<tr><td>发明名称</td><td colspan="3">一种高保水高柔软超薄面膜纸及其制备方法与应用</td></tr>
<tr><td>公开号</td><td>CN108517719B</td><td>申请日期</td><td>2018-03-28</td></tr>
<tr><td>同族</td><td>无</td><td>法律状态</td><td>有效</td></tr>
<tr><td>摘要</td><td colspan="3">本发明公开了一种高保水高柔软超薄面膜纸及其制备方法与应用。该方法包括以下步骤：①将植物纤维纸浆放入缓冲液中浸泡 1~48 h，然后将其洗涤至中性，再加水稀释，得到植物纤维纸浆 I，其中，缓冲液为柠檬酸和氢氧化钠的混合水溶液，植物纤维纸浆 I 的质量分数为 0.1%~5%；②将步骤①中得到的植物纤维纸浆 I 采用超微粒粉碎机进行粉碎，得到纤维素纳米纤丝；③将柔软剂加入到步骤②中得到的纤维素纳米纤丝中，搅拌混合均匀后进行抄纸，烘干，得到高保水高柔软超薄面膜纸。本发明采用的都是具有生物可降解性的基材，不会对环境产生影响，制得的面膜纸不仅具有良好的透气性和柔软性，而且有优异的保水性和吸附性</td></tr>
<tr><td>技术问题</td><td colspan="3">中国专利申请号为 2012101905524 公布了“面膜纸及美容护肤纸面膜和面膜的制造方法”，该方法是以木纤维、竹纤维、草纤维为基材，添加营养液和湿强剂，提高湿强保水，让肌肤水润通透，焕发自然光彩，但其湿强提高并不是很明显，而且缺乏直接的数据支撑。中国专利申请号为 2016210258688 公开了“一种面膜纸及其面膜”，该专利具体涉及一种面膜纸轮廓结构上的理论设计，即使该方案理论上可行，但实际工业化生产较难。中国专利申请号为 2015104391348 公布了“一种高保水抗拉面膜纸生产工艺”，具体方法是以纸浆为薄材、以合成长纤维或短纤维为网状纤维薄层，两者进行复合，再通过水刺、干燥得到面膜纸，虽然该面膜纸具有保水拉伸能力，但是由于以纸浆纸为薄材，以合成长纤维或短纤维为网状纤维薄层，比表面积相对不高，吸收有效成分能力有限。因此，有必要研发具有高保水、高柔软的复合面膜纸以符合市场的需求</td></tr>
<tr><td>技术分支</td><td colspan="3">天然纤维原料；制备工艺；应用-非织造布；生物降解</td></tr>
</table>

<table>
<tr><td>发明名称</td><td colspan="3">一种高耐折、超平滑、高雾度的透明全纤维素复合薄膜及其制备方法</td></tr>
<tr><td>公开号</td><td>CN110552253A</td><td>申请日期</td><td>2018-05-30</td></tr>
<tr><td>同族</td><td>无</td><td>法律状态</td><td>有效</td></tr>
<tr><td>摘要</td><td colspan="3">本发明公开了一种高耐折、超平滑、高雾度的透明全纤维素复合薄膜及其制备方法。该方法如下：①以木质纤维为原料，通过纤维疏解、纸页成型、干燥，形成纤维交织网络结构；②将纤维素及纤维素衍生物溶于水中形成纤维素溶液；③通过浸渍或涂布，将纤维素溶液填充到纤维交织网络结构中，形成全纤维素复合薄膜；④将全纤维素复合薄膜贴于玻璃表面，再干燥得全纤维素复合薄膜。该全纤维素复合薄膜的耐折度为 2 000~4 000 次，抗张强度为 90~160 MPa，表面粗糙度为 0.5~1 nm，在 550 nm 的可见光区透光率为 88%~91%，在 550 nm 的雾度为 60%~85%，在 LED 照明、平板显示、光伏器件领域有潜在的应用前景。
步骤①所述微米级的木质纤维为针叶木浆、阔叶木浆、非木浆、废纸浆、绒毛浆和棉浆中任一种</td></tr>
<tr><td>技术问题</td><td colspan="3">开发出既能获得优异的光学性能，又能获得优良的力学性能和表面性能的高效制造技术，不仅有利于推动高雾度高透明纤维素基薄膜的规模化、低成本的制造，同时有助于拓宽纤维素薄膜的应用领域</td></tr>
<tr><td>技术分支</td><td colspan="3">天然纤维原料；制备工艺；应用-电子</td></tr>
</table>

发明名称	一种高效浓缩及再分散微/纳米纤维素的方法		
公开号	CN114685812A	申请日期	2022-03-15
同族	无	法律状态	审理中
摘要	本发明公开了一种高效浓缩及再分散微/纳米纤维素的方法，属于微/纳米纤维素再分散领域。该方法包括以下步骤：①将聚乙烯吡咯烷酮加入到微/纳米纤维素悬浮液中，搅拌均匀，得到混合悬浮液；②将所述悬浮液进行浓缩脱水，向浓缩的微/纳米纤维素中补加聚乙烯吡咯烷酮至初始加入量，然后加入水进行稀释，再进行超微粒研磨再分散，可获得稳定的微/纳米纤维素悬浮液，并保持其纳米尺寸。本发明可有效提高再分散微/纳米纤维素悬浮液稳定性，维持其原有结构特性，为高浓度微/纳米纤维素的储存、运输和应用提供技术支持。 所述微/纳米纤维素悬浮液是将植物纤维原料通过酶预处理/机械研磨工艺制得		
技术问题	目前主要采用干燥的方法提高微/纳米纤维素的浓度，如冷冻干燥、烘箱干燥、喷雾干燥、超临界干燥等方法，绝干状态的微/纳米纤维素间产生强烈的氢键结合，使得其难以再分散至原始状态。因此，浓缩脱水的方式常用来提高微/纳米纤维素的浓度，微/纳米纤维素表面丰富的羟基使其在水体系中形成稳定的悬浮液，脱水效率较低，如何提高其脱水效率，并保持再分散悬浮液原有结构特性，对其工业化生产和商业化应用具有重要意义		
技术分支	天然纤维原料；制备工艺；生物降解；聚合物-聚乙烯吡咯烷酮		

发明名称	一种胍盐基低共熔溶剂制备抗菌纳米纤维素的方法		
公开号	CN113201933B	申请日期	2021-06-24
同族	无	法律状态	有效
摘要	本发明提供了一种胍盐基低共熔溶剂制备抗菌纳米纤维素的方法，属于抗菌材料技术领域。本发明以胍盐作为氢键受体，以多元酸作为氢键给体，二者组成的低共熔溶剂能够对脱半纤维素的植物纤维进行溶胀，能够通过断裂木质素中的醚键使得木质素快速解聚，并可减少常规碱脱木质素或酸脱木质素过程中产生的木质素二次缩合和沉积问题，提高脱木质素效率；同时，在加热条件下，多元酸会与纤维素发生酯化反应而键合到纤维素纤维表面，另一端带负电荷的羧基则会与带正电荷的胍盐发生静电吸附作用，使胍盐在纤维表面得以固着，从而赋予纤维良好的抗菌性能，经球磨或高压微射流均质处理后，能够得到具有抗菌性能的纳米纤维素。所述植物纤维为蔗渣纤维、竹片纤维和玉米芯纤维中的一种或几种		
技术问题	抗菌纳米纤维素的制备方法主要是将纳米纤维素与各种抗菌剂进行复合，现有公开的化学改性法有两种：①采用高碘酸钠将纳米纤维素进行选择性氧化生成醛基；②将纳米纤维素与3-氯-2-羟丙基三甲基氯化铵等带有季铵基团的化学试剂进行反应，通过化学接枝成为带有季铵盐等抗菌基团的衍生物。但是，以上两种方法所得抗菌纳米纤维素的抗菌效率还有待提升		
技术分支	天然纤维原料；制备工艺		

发明名称	一种基于纳米纤维素的可控雾度纳米纸及其制备方法		
公开号	CN110685182B	申请日期	2019-09-02
同族	无	法律状态	有效
摘要	本发明公开了一种基于纳米纤维素的可控雾度纳米纸及其制备方法。该方法将绝干的植物纤维浸泡于纯水中充分吸水，然后在氢氧化钠水溶液中浸泡搅拌，加入异丙醇；过滤分离部分反应后的溶剂，控制纤维固含量为1%～2%，加入氯乙酸钠，保温，制得羧甲基纤维素钠包裹的纤维溶液；过滤纤维溶液，滤饼分散并过滤，滤饼烘干后变成纤维粉末，快速挤压制备纳米纤维粉末；纳米纤维粉末用纯水浸泡、洗涤、过滤，滤饼用纯水配制成固含量1%～5%的悬浮液，高压均质，得到纳米纤维素水溶液；将纳米纤维素水溶液与二甲基二烯丙基氯化铵混合，采用真空抽滤法制备复合材料纳米纸；本发明得到的纳米纸与普通纳米纸相比透过率高，雾度在大范围内可控		
技术问题	纳米纤维素的方法已经有成熟的研究，但是这些研究包括其他采用羧甲基改性制备纳米纤维素的方法，都以水洗纯化后的低取代度羧甲基纤维素或其钠盐为材料，通过高压均质等机械处理方式制备纳米纤维素。这些水洗后的纤维并不具备高度脆性，尺寸较大，完全依赖高压均质使纤维纳米化会由于尺寸过大导致堵塞的问题，显然不如纳米纤维粉末高效		
技术分支	天然纤维原料；制备工艺；应用-纸		

发明名称	一种绿色电子设备生物塑料基底材料的制备及应用		
公开号	CN114456417B	申请日期	2022-01-17
同族	无	法律状态	有效
摘要	本发明属于绿色电子产品领域，公开了一种绿色可降解电子设备基底材料的制备及应用。本发明选择纳米纤维素CNF和改性分级后的木质素FE-LS制备绿色电子基底。通过透析馏分和环氧化改性的预处理，木质素的异质结构和适度的表面活性得到显著改善。木质素和纤维素表现出优异的相容性，再生复合膜具有塑料般的高性能和纸张般的降解性，表面粗糙度低（4.68 nm），极限拉伸应力（146 MPa）和弹性模量（16.16 GPa）高，透光率好（59.57%@750 nm），以及突出的热、电稳定性和阻燃性		
技术问题	基于纤维素的基板表现出显著的优异特性，它们在绿色电子产品中的应用极具潜力。然而，制备具有低表面粗糙度、高强度、可生物降解性和低成本的绿色电子产品所需的纤维素基板仍然是一个挑战		
技术分支	天然纤维原料；制备工艺；生物降解；应用-电子		

发明名称	一种木质素/丁腈橡胶复合材料及其制备方法		
公开号	CN107383475B	申请日期	2017-07-31
同族	无	法律状态	有效
摘要	本发明属于橡胶材料技术领域，公开了一种木质素/丁腈橡胶复合材料及其制备方法。本发明的复合材料由包括以下质量份的组分反应得到：100份丁腈橡胶、10~100份木质素、1~15份反应性相容剂、0~15份改性剂A、0~10份改性剂B、5~15份硫化助剂。本发明可通过调节木质素、反应性相容剂、改性剂A及改性剂B的用量获得不同力学性能的复合材料，其拉伸强度可为10~30 MPa，断裂伸长率为250%~800%。本发明通过反应性相容剂、改性剂的作用，在木质素与丁腈橡胶相界面间构建非共价键连接的能量牺牲键作用，获得优良的综合力学性能，实现木质素对橡胶既增强又增韧，克服了因相容性差而导致复合材料物理性能差的问题		
技术问题	过多的化学键连接会使木质素纳米粒子无法在橡胶基体中产生滑移耗散能量，导致复合材料的断裂伸长率减小，韧性降低。因此，如何进一步提高木质素与橡胶基体的界面相容性，实现木质素对橡胶既增强又增韧的效果，是当前研究亟需解决的重大难点		
技术分支	天然纤维原料；制备工艺；生物降解		

发明名称	一种木质素/二氧化钛杂化复合纳米材料及其制备方法与应用		
公开号	CN113025073B	申请日期	2019-12-25
同族	无	法律状态	有效
摘要	本发明公开了一种木质素/二氧化钛杂化复合纳米材料及其制备方法与应用。本发明所述杂化复合纳米颗粒是二氧化钛在季铵化木质素磺酸盐三维网络结构内部进行原位生长得到的。首先对水溶性木质素磺酸盐进行季铵化改性，然后在弱碱性条件下进行高温蒸煮、超滤分离得到低分子量季铵化木质素磺酸盐，再以钛盐为前驱体，将低分子量季铵化木质素磺酸盐与钛盐进行水热反应，季铵化木质素磺酸盐的负电性磺酸基主要分布在颗粒的表面，从而形成结合牢固、相互分散良好、表面亲水、高木质素负载量的杂化复合纳米颗粒、将其应用于水性聚氨酯中，可有效解决其团聚严重、分散不均及与水性聚氨酯相容性差等问题		
技术问题	上述报道的木质素/二氧化钛复合颗粒在制备过程中存在以下缺陷：未经适当改性的木质素与二氧化钛主要是物理复合，二者之间并未形成稳定的化学键，所形成的复合物组分间的作用力不强、稳定性差，导致二氧化钛团聚严重、复合颗粒中木质素的负载量较低，与水性聚氨酯等高分子基质相容性差，此外，制备过程使用大量的有机溶剂如环己烷、四氢呋喃等		
技术分支	制备工艺		

发明名称	一种木质素/聚烯烃热塑性弹性体复合材料及其制备方法		
公开号	CN107474374B	申请日期	2017-07-31
同族	无	法律状态	有效
摘要	本发明属于高分子材料技术领域，公开了一种木质素/聚烯烃热塑性弹性体复合材料及其制备方法。本发明复合材料包括以下质量百分数的组分：35%~95%聚烯烃热塑性弹性体、2%~60%木质素、0.5%~8%添加剂A、0%~5%添加剂B。本发明复合材料拉伸强度可为10~35 MPa，断裂伸长率为300%~800%。本发明通过添加木质素和添加剂，在木质素与聚烯烃热塑性弹性体相界面间构建非共价键连接的能量牺牲键作用，该连接不仅促进木质素在聚烯烃弹性体中的分散，提高木质素与聚烯烃的界面相容性，还能在外力作用下先于共价键发生断裂，并能反复断裂与重构，达到增强增韧的目的，克服了因木质素与聚烯烃相容性差而导致力学性能差的问题		
技术问题	当前的木质素/聚烯烃复合材料研究大多采用传统聚烯烃树脂作为基材，如高密度聚乙烯、低密度聚乙烯、聚丙烯等，而在木质素/聚烯烃热塑性弹性体复合材料方面却未见报道		
技术分支	制备工艺；生物降解；聚合物-聚烯烃		

发明名称	一种木质素/聚乙烯醇复合材料及其制备方法		
公开号	CN108948614B	申请日期	2018-07-18
同族	无	法律状态	有效
摘要	本发明属于高分子材料技术领域，公开了一种木质素/聚乙烯醇复合材料及其制备方法。本发明复合材料包括以下质量百分数的组分：聚乙烯醇70%~99.4%；木质素0.5%~30%；添加剂0.1%~10%；所述的添加剂包括3-氨基-1,2,4三唑、4-氨基吡啶、1-(3-氨基丙基)咪唑、4-(2-乙胺基)苯-1,2-二酚、2-氨基-3-咪唑基丙酸、鞣酸、3,3,3',3'-四甲基-1，1-螺旋联吲哚-5,5',6,6'-四醇、氯化锌、醋酸锌、氯化铁、氯化钙、氯化铜、氧化铁、氯化钠中的至少一种。本发明还提供上述复合材料的制备方法。本发明木质素/聚乙烯醇复合材料拉伸强度可达140 MPa，断裂伸长率可高达800%		
技术问题	如何进一步提高木质素与聚乙烯醇的界面相容性，实现木质素对聚乙烯醇增强及增韧的效果，是当前研究亟需解决的重大难点		
技术分支	制备工艺；生物降解；聚合物-聚乙烯醇		

发明名称	一种木质素/三元乙丙橡胶复合材料及其制备方法		
公开号	CN107337857B	申请日期	2017-07-31
同族	无	法律状态	有效
摘要	本发明属于橡胶材料技术领域，公开了一种木质素/三元乙丙橡胶复合材料及其制备方法。本发明复合材料由包括以下质量份的组分反应得到：100份三元乙丙橡胶、10~100份木质素、1~30份反应性相容剂、1~15份改性剂A、0~10份改性剂B。本发明可通过调节木质素、反应性相容剂、改性剂A及改性剂B的用量获得不同力学性能的复合材料，其拉伸强度可为10~30 MPa，断裂伸长率为250%~800%。通过反应性相容剂、改性剂的作用，在木质素与三元乙丙橡胶相界面间构建非共价键连接的能量牺牲键作用，获得优良的综合力学性能，实现木质素对橡胶既增强又增韧，克服了因木质素与三元乙丙橡胶相容性差而导致物理性能差的问题		
技术问题	如何利用廉价的工业木质素作为补强剂来增强三元乙丙橡胶，实现木质素对橡胶既增强又增韧的效果，是当前研究亟需解决的重大难点		
技术分支	制备工艺；生物降解；聚合物-三元乙丙橡胶		

发明名称	一种木质素/炭黑/丁腈橡胶复合材料及其制备方法		
公开号	CN107722396B	申请日期	2017-10-16
同族	无	法律状态	有效
摘要	本发明属于橡胶复合材料技术领域，公开了一种木质素/炭黑/丁腈橡胶复合材料及其制备方法。本发明复合材料按质量份计，由包括以下组分反应得到：100份丁腈橡胶；1~50份木质素；1~50份炭黑；1~20份配位硫化剂；0.5~5份单质硫S；0.1~10份硫化助剂。本发明还提供其制备方法。本发明通过配位硫化剂的作用，在丁腈橡胶的链段之间以及木质素和丁腈橡胶相界面间构建动态配位交联网络，使复合材料具有优良的综合力学性能，克服了因木质素与丁腈橡胶相容性差而导致物理性能差的问题，其拉伸强度可为15~35 MPa，断裂伸长率为250%~700%；以木质素部分代替炭黑增强橡胶，来源广泛，可再生，节约了石化资源		
技术问题	将木质素部分代替炭黑，如何进一步提高木质素与橡胶基体的界面相容性，使得木质素/炭黑/丁腈橡胶复合材料的性能可以赶上甚至超过炭黑/丁腈橡胶复合材料的性能，是当前研究亟需解决的重大难点		
技术分支	制备工艺；生物降解；聚合物-丁腈橡胶		

发明名称	一种木质素协同增塑聚乙烯醇及其熔融加工方法		
公开号	CN114539696A	申请日期	2022-01-07
同族	无	法律状态	审理中
摘要	本发明公开了一种木质素协同增塑聚乙烯醇及其熔融加工方法。本发明先以自组装方法制备木质素颗粒，然后按质量份计，将5~20份增塑剂、0.01~5份添加剂、0.5~6份木质素纳米颗粒和10~40份水混合均匀得到增塑剂溶液，再将60~95份PVA与增塑剂溶液混合均匀，密封静置得到塑化混合料，再进行熔融加工得到复合材料。本发明通过在溶液增塑的基础上，引入木质素，在小分子增塑剂打破分子间氢键后，木质素再进入分子链间与PVA形成氢键，实现协同增塑，降低PVA熔点，减少小分子增塑剂的使用。木质素与小分子增塑剂形成氢键，束缚小分子增塑剂，减少溢出；木质素多氢键位点能够起物理交联作用，弥补薄膜的力学性能		
技术问题	木质素与PVA都是可降解材料，满足国家对环保的要求，但是目前并没有以木质素作为增塑剂用于PVA熔融加工的报道，因此迫切需要发展新的聚乙烯醇熔融增塑改性技术，以满足聚乙烯醇在包装领域的需求		
技术分支	制备工艺；生物降解；聚合物-聚乙烯醇		

发明名称	一种木质纤维生物质薄膜的制备方法		
公开号	CN103554534B	申请日期	2013-10-24
同族	无	法律状态	有效
摘要	本发明公开一种木质纤维生物质薄膜的制备方法，该制备方法将木质纤维生物质粉碎，过160目筛；将粉碎后的木质纤维生物质溶解于二甲基亚砜/氯化锂（DMSO/LiCl）中，得到木质纤维生物质的制膜液；溶剂体系DMSO/LiCl中LiCl的质量百分含量为2%~10%；控制木质纤维生物质制膜液的质量分数为1%~20%；将制膜液在平板上刮膜，浸入凝固浴中除去溶剂，干燥，得到再生木质纤维生物质薄膜。制备的木质纤维生物质薄膜表面平整，结构紧实，无明显塌陷，方法操作简单、效率高，可以直接采用已有的高分子成膜设备。本发明的方法可为木质纤维生物质原料生产工业新材料提供技术支持		
技术问题	不经分离直接对木质纤维生物质全组分利用，可以有效回避生物质组分分离瓶颈，降低成本。然而木质纤维生物质的“钢筋混凝土”结构导致其无法溶解于传统的有机溶剂体系，也无法像合成高分子一样进行熔融加工。因此，长期以来木质纤维生物质利用效率低下。目前对木质纤维生物质的利用方式主要是用作建筑、家具板材以及直接燃烧产热		
技术分支	天然纤维原料；制备工艺		

发明名称	一种纳米纤维素/聚二甲基硅氧烷双层涂布防油疏水纸及其制备方法		
公开号	CN115182190A	申请日期	2022-06-22
同族	无	法律状态	审理中
摘要	本发明公开了一种纳米纤维素/聚二甲基硅氧烷双层涂布防油疏水纸及其制备方法；所述防油疏水纸的纸张上依次包括纳米纤维素涂层和纳米纤维素/聚二甲基硅氧烷涂层。所述防油疏水纸通过在纸张上涂布纳米纤维素悬浮液，干燥，得到纳米纤维素涂层；在纳米纤维素涂层上喷涂纳米纤维素微米颗粒、聚二甲基硅氧烷和固化剂的分散液，干燥，得到纳米纤维素/聚二甲基硅氧烷双层涂布防油疏水纸。本发明的防油疏水纸具有高疏水性和疏油性；还具有良好的拉伸强度和气体阻隔性		
技术问题	利用聚乙烯醇、纳米微纤丝、微纳化竹粉以及造纸助剂涂料 AKD 也能制备具有防油和疏水特性的纸张，然而，其水接触角并没有达到高疏水性的要求，还有较大的提升空间，此外，该方法制备的防油疏水纸使用化学药品众多，后期纸张的回收处理难度较大		
技术分支	天然纤维原料；制备工艺；聚合物-聚乙烯醇；应用-纸		

发明名称	一种纳米纤维素/木质素磺酸复合薄膜及其制备方法与应用		
公开号	CN112029123B	申请日期	2020-08-11
同族	无	法律状态	有效
摘要	本发明公开了一种纳米纤维素/木质素磺酸复合薄膜及其制备方法与应用。本发明以亚硫酸盐法制浆过程产生的“黑液”为原料提纯木质素磺酸，并作为增韧剂与纳米纤维素水分散液混合，通过溶液浇筑的方法制备出力学性能更佳、光学性能可调的全生物质基纳米复合材料。经添加少量木质素磺酸增韧后，纳米纤维素薄膜拉伸强度和断裂伸长率同时提升，且保留了较高的透光率，有望部分替代石油基高分子薄膜。所述纳米纤维素分散液由以下方法制得：将木浆通过醚化法预处理，然后经过高压微射流均质得到		
技术问题	目前，CNF 薄膜增韧的方法主要有三大类：①薄膜构筑单元（CNF）的优化，包括减小 CNF 的直径、提高平均聚合度、化学改性等；②CNF 薄膜结构的调控，包括薄膜孔隙率的调控、CNF 有序结构的构建等；③添加柔性（高分子）或刚性（如石墨烯、蒙脱土等）的增韧剂，可进一步调控 CNF 薄膜的力学性能。其中，构筑单元的优化与结构调控工艺复杂，且对薄膜的增韧效果有限。而添加增韧剂的方法效果显著，操作性强，利于大规模生产，且随着功能性增韧剂的加入，可以赋予纳米纤维素薄膜新的性能。对于柔性高分子增韧剂，为了实现良好的分散，一般要求高分子增韧剂为水溶性好，具有合适玻璃化转变温度的非离子型材料，而此类材料的选择范围非常有限。对于刚性无机材料增韧剂，主要包括石墨烯、蒙脱土等纳米二维材料，将此类材料用作 CNF 薄膜增韧剂时需要选择合适的尺寸，调控与 CNF 的相互作用力，在 CNF 基体中的分散性或构建有序结构等，并且石墨烯、蒙脱土等二维材料增韧纳米纤维素薄膜时，会极大影响 CNF 薄膜的透光率等原有性能。因此，开发绿色环保、原料丰富、增韧效果显著，制备工艺简单且能较好保留 CNF 薄膜原有特性的增韧剂具有重大研究意义		
技术分支	天然纤维原料；制备工艺		

<table>
<tr><td>发明名称</td><td colspan="3">一种柔性纤维素基导电复合膜及其制备方法与应用</td></tr>
<tr><td>公开号</td><td>CN113501996B</td><td>申请日期</td><td>2021-06-04</td></tr>
<tr><td>同族</td><td>无</td><td>法律状态</td><td>有效</td></tr>
<tr><td>摘要</td><td colspan="3">本发明公开了一种柔性纤维素基导电复合膜及其制备方法与应用。该方法包括以下步骤：①将木醋杆菌接种到发酵培养基中进行静态发酵，然后将发酵产物洗涤至中性，得到生物纤维素液膜；②将生物纤维素液膜经过冷冻固化后再经过真空干燥，得到生物纤维素气凝胶；③将石墨烯（rGO）和银纳米线（AgNWs）按比例溶于水中，得到rGO/AgNWs混合液；④将生物纤维素气凝胶浸泡于rGO/AgNWs混合液中，取出后经过冷冻固化后再经过真空干燥，得到导电生物纤维素气凝胶；⑤将导电生物纤维素气凝胶经热压处理，得到柔性纤维素基导电复合膜。该生物纤维素基材可完全降解，且具有柔性好、机械性能高、导电性能好等优点，可应用于导电材料领域</td></tr>
<tr><td>技术问题</td><td colspan="3">生物纤维素是通过微生物发酵而得到的一类纳米纤维素，具有制备工艺简单、纯度高、纤维较长、易于规模化等特点。石墨烯是一种典型的二维片层碳材料，具有超高的电子迁移率、优异的导热性、高杨氏模量等优势。银纳米线是一维的金属材料，具有高长径比、优异的导电、导热特性。因此，开发一种柔性的纤维素基复合导电膜对导电材料制备领域具有积极的意义</td></tr>
<tr><td>技术分支</td><td colspan="3">天然纤维原料；制备工艺；应用-电子；生物降解</td></tr>
</table>

<table>
<tr><td>发明名称</td><td colspan="3">一种水下超疏油的木质素/纤维素高强度气凝胶及其制备方法与应用</td></tr>
<tr><td>公开号</td><td>CN114854081A</td><td>申请日期</td><td>2022-03-25</td></tr>
<tr><td>同族</td><td>无</td><td>法律状态</td><td>审理中</td></tr>
<tr><td>摘要</td><td colspan="3">本发明公开了一种水下超疏油的木质素/纤维素高强度气凝胶及其制备方法与应用。本发明将纤维素溶解碱尿素溶液中，然后加入木质素，再加入交联剂丙烯酰胺，搅拌然后超声分散，得到木质素/纤维素水凝胶，而后，泡去离子水除去杂质，冻干得到高强度木质素/纤维素气凝胶。本发明制备的水下超疏油木质素/纤维素气凝胶具有超轻密度、高孔隙率、高油水分离效率、高水通量的特点，其具有粗糙表面以及蜂窝状多孔网络结构，显著提高油水分离效率并具有一定的循环使用性能</td></tr>
<tr><td>技术问题</td><td colspan="3">开发一种工艺简单、成本较低的水下超疏油木质素/纤维素高强度气凝胶油水分离材料是很有工业应用价值的</td></tr>
<tr><td>技术分支</td><td colspan="3">天然纤维原料；制备工艺；聚合物</td></tr>
</table>

发明名称	一种纤维素-二硫化钼气凝胶复合纤维及其制备方法和应用		
公开号	CN109610024B	申请日期	2018-11-20
同族	无	法律状态	有效
摘要	本发明属于复合纤维领域，公开了一种纤维素-二硫化钼气凝胶复合纤维及其制备方法和应用。本发明以纤维素为基材，先将纤维素进行溶解制得纤维素溶解液，然后将二硫化钼和纤维素溶解液进行混合，再采用湿法纺丝技术将二硫化钼和纤维素溶解液的混合溶液在凝固浴中纺丝、再生制得纤维素二硫化钼水凝胶复合纤维，最后将纤维素-二硫化钼水凝胶复合纤维进行脱水干燥制得纤维素-二硫化钼气凝胶复合纤维。采用本方法制备的纤维素-二硫化钼气凝胶复合纤维具有优异的多孔结构、较高的比表面积、较高的力学性能、良好的可加工性、优秀的隔热性能以及阻燃性能，具备广泛的应用前景		
技术问题	现有已经开发出来的纤维素基气凝胶材料多数是块状或者片状，由于此类纤维素基气凝胶受到其本身形状的限制，在成型、干燥和洗涤方面带来许多的不便；其次，纤维素是一种易燃物质，因此以纤维素为基材制备的气凝胶材料也具备这种易燃性，这也会限制纤维素基气凝胶的使用环境；最后，由于纤维素气凝胶是一种柔性的材料，因此在力学性能上仍然存在一定的缺陷。虽然近年来随着纳米科技的发展，各国的研究者采用纳米纤维素对纤维素气凝胶的力学性能进行了增强，然而由于纳米纤维素制备的复杂性以及价格的高昂使得其应用前景不被看好		
技术分支	天然纤维原料；制备工艺		

发明名称	一种纤维素水凝胶的制备方法		
公开号	CN106084259B	申请日期	2016-07-29
同族	无	法律状态	有效
摘要	本发明公开了一种纤维素水凝胶的制备方法。该方法将普通的植物纤维溶解浆置于由甲醇、乙醇、*N*,*N*-二甲基乙酰胺、异丙醇或水其中两种溶剂组成的混合溶液中，不断搅拌，然后加入氢氧化钠或氢氧化钾。反应后加入醋酸钠、氯乙酸钠或硫代乙酸钠中的一种或两种，反应；过滤后的纤维溶于水制成纤维水溶液，并将溶液置于高速乳化机进行分散；将分散液旋转蒸发至黏稠状态作为溶液A。配制溶液B，溶液B由水和氢氧化钠以及环氧氯丙烷混合而成；将溶液B倒入溶液A，常温搅拌，烘干；本发明方法无须采用各种化学单体材料合成水凝胶，完全采用纯植物纤维素为原料，以全化学手段处理的方式，具有工艺简单、低耗能、环境友好和成本低等特点		
技术问题	现有的纤维素水凝胶的生产需要在-12 ℃的低温条件下进行，配制的质量分数为6%氢氧化钠/4%尿素体系需要保持8 h的时间才能溶解纤维素，工艺过程比较苛刻，同时耗时比较长，制冷所消耗的能量较大，造成制备的水凝胶成本较高		
技术分支	天然纤维原料；制备工艺		

发明名称	一种纤维增强树脂复合材料及其制备方法		
公开号	CN106592319B	申请日期	2016-11-28
同族	无	法律状态	有效
摘要	本发明属于复合材料领域，公开了一种纤维增强树脂复合材料及其制备方法。所述复合材料包括合成纤维或合成树脂颗粒与增强纤维，是将合成纤维的浆料与增强纤维的浆料混合，采用完全湿法抄纸工艺，一次抄造成形，得到单层复合材料；或将合成树脂颗粒的浆料与增强纤维的浆料混合，并加入表面活性剂，采用纸页泡沫成型工艺，一次抄造成形，得到单层复合材料；再将由单层复合材料堆叠而成的复合材料进行热压制备而成。所述的复合材料中纤维分布均匀，具有较好拉伸性能、弯曲性能和冲击韧性，界面相容性好，吸水率低，导电率低。所述增强纤维为玻璃纤维、植物纤维、碳纤维、纳米纤维素或微纳米纤维素中的一种以上		
技术问题	纤维增强复合材料存在着增强纤维造树脂基材中分布不均等缺陷，极大地影响了材料的性能		
技术分支	天然纤维原料；制备工艺；聚合物-聚乳酸；应用-纸		

发明名称	一种阳离子接枝改性的热塑性植物纤维材料及其制备方法		
公开号	CN113403836B	申请日期	2021-05-08
同族	无	法律状态	有效
摘要	本发明属于热塑性植物纤维的技术领域，公开了一种阳离子接枝改性的热塑性植物纤维材料及其制备方法。方法：①将植物纤维原料进行预处理，获得预处理的植物纤维；②在水中，在高碘酸盐的作用下，预处理的植物纤维进行氧化开环反应，获得醛基化植物纤维；③将醛基化植物纤维中醛基氧化成羧基，获得羧化植物纤维；④在水中，羧化植物纤维与季铵盐进行反应，获得阳离子接枝改性的热塑性植物纤维材料。本发明的热塑性植物纤维材料为全组分植物纤维，具备良好的流动性和变形能力，热塑性好，易于加工成型，可重复热压成型，而且材料的性能好。本发明的方法简单，得率高、成本低。		
技术问题	目前天然纤维热塑化的方法主要包括：酯化改性和醚化改性。用尺寸大且相互作用小的官能团来取代植物纤维中的羟基，以削弱各组分之间的氢键作用，使其分子之间的结合力下降，并破坏纤维素的结晶结构，从而提高植物纤维中分子链的运动能力和流动性，成为热塑性材料。然而，酯化和醚化法常只针对植物纤维中纤维素的改性，涉及繁杂的植物纤维组分分离，未能对半纤维素和木质素等组分进行高效地利用，并且对纤维素的晶体结构破坏严重，从而导致材料的性能下降且产率低；另外，改性过程中需要消耗大量的有机溶剂、溶胀剂和催化剂等助剂，后处理过程复杂，成本高，对环境也有一定的污染，经济性和实用性较差，难以进行工业化生产与应用		
技术分支	天然纤维原料；制备工艺		

发明名称	一种易冲散的植物纤维面膜基布及其制备方法与应用		
公开号	CN114934404A	申请日期	2022-05-31
同族	无	法律状态	审理中
摘要	本发明公开了一种易冲散的植物纤维面膜基布及其制备方法与应用。该制备方法包括以下步骤：①分别将溶解浆和棉短绒加入到水中，经机械疏解后进行打浆处理，得到打浆度均为25~35°SR的溶解浆和棉浆；将溶解浆和棉浆混合均匀后进行配抄处理，得到湿纸页；再将水性粘合胶喷涂在湿纸页表面，自然晾干，得到干纸页；②将干纸页浸渍于交联剂溶液中，取出后对其进行热风穿透干燥，得到所述易冲散的植物纤维面膜基布。本发明中将不同细纤维化程度的植物纤维按比例混合抄造，再引入水性粘合胶和交联剂，显著提高了面膜基布的湿抗张强度和湿拉伸形变量，且具有易冲散性能，可用于制备面膜		
技术问题	虽然上述纤维面膜达到了一定的美容效果，但是面膜基布多为改性纤维，可能会诱导消费者的过敏反应，且短时间内难以快速降解。因此，开发一种简单、高吸水性、高持液率和对皮肤无刺激的纯天然纤维面膜基布具有重要的现实意义和商业价值		
技术分支	天然纤维原料；制备工艺；应用-非织造布		

发明名称	一种植物纤维和PHA复合吸油纸及其制备方法		
公开号	CN105155351B	申请日期	2015-08-20
同族	无	法律状态	有效
摘要	本发明属于造纸工业特种纸制备技术领域，公开了一种植物纤维和PHA复合吸油纸及其制备方法。所述制备方法包括以下步骤：①将植物纤维加水疏解分散，控制植物纤维的质量分数为1%~3%，得到疏解植物纤维悬浮液；②依次在疏解植物纤维悬浮液中加入助剂、填料和PHA，搅拌混合均匀，抄造成纸，干燥，得到植物纤维和PHA复合吸油纸。本发明以具有生物相容性和绿色环保的PHA与天然纤维进行复合，不仅节约成本，且所得吸油纸兼具良好的吸油不吸水、触感轻柔又可降解的效果，具有良好的应用前景		
技术问题	由纯植物纤维构成的吸油纸，如棉、麻、原生木浆以及竹纤维等，虽然能够吸走面部多余油脂，但是吸油能力有限，同时由于是纯天然纤维，在吸油的同时也会吸走面部的水分，在使用过程中还存在着掉毛掉粉的现象，而且表面粗糙，给人们带来非常差的使用体验感。而合成材料大多是聚丙烯，丙烯酸丁酯/乙二醇二甲基丙烯酸酯交联聚合物等成膜剂。这种由合成材料制成的多孔状吸油膜，吸油效果好，触感轻柔，柔韧不易破损，在吸油的同时保留肌肤必要的水分，但一方面，在使用之后，产品不易自然降解，对环境产生一定的污染；另一方面，由于材料本身性质，在使用时一经接触皮肤，在按压移开皮肤时便会发生粘连皮肤的现象。因此，开发一种新型的兼具良好的吸油不吸水，同时又可降解的吸油纸是本领域需要解决的一个问题		
技术分支	天然纤维原料；制备工艺；生物降解；应用-纸		

发明名称	一种纸张及其制备方法		
公开号	CN114892448A	申请日期	2022-06-13
同族	无	法律状态	审理中
摘要	本发明公开一种纸张及其制备方法，涉及造纸技术领域，以提高纸张的松厚度。以浆料绝干计，所述纸张包括65~85份的木浆纤维和15~35份的化学纤维。所述化学纤维为合成纤维，所述化学纤维具有亲水性，所述化学纤维至少部分熔融于所述纸张的浆料中。所述纸张的制备方法包括上述技术方案所提的纸张。本发明提供的纸张的制备方法用于制备纸张		
技术问题	目前，影响纸张松厚度的因素主要有浆料种类、抄纸工艺、填料、松厚度添加剂等。其中，浆料种类对松厚度的影响较大，但是使用高得率浆料的成本较高，无法节约浆料成本。首先，通过改变抄纸工艺也可以提高纸张的松厚度，但其影响因素过多，且部分工艺条件的改变需要更换仪器设备，操作条件复杂且不易控制。其次，通过添加填料的方式改变纸张松厚度对纸张松厚度的影响反而是负面的。最后，通过添加松厚度添加剂可以提高纸张的松厚度，但是会影响纸张的抄造性能和机械性能。因此，需要一种可以提高纸张松厚度且提高或者至少不会影响纸张抄造性能和机械性能的工艺		
技术分支	天然纤维原料；制备工艺；应用-纸		

4.3 宝洁公司专利分析

发明名称	低棉绒纤维结构及其制造方法		
公开号	EP2496768B1	申请日期	2010-11-02
同族	AU2010313160A1 | AU2010313160B2 | AU2010313160B9 | BR112012010371A2 | CA2779098A1 | EP2496768A1 | EP2496768B1 | ES2551230T3 | MX2012005110A | MX333837B | PL2496768T3 | US20110104970A1 | US61257270P0 | WO2011053946A1	法律状态	有效
摘要	提供了表现出低干掉毛分数的纤维结构，更具体地，提供了包含表现出低干掉毛分数的长丝和固体添加剂的纤维结构，以及制造这种纤维结构的方法。其中长丝选自天然聚合物如淀粉、淀粉衍生物、纤维素和纤维素衍生物、半纤维素、半纤维素衍生物、甲壳质、壳聚糖、聚异戊二烯（顺式和反式）、肽、聚羟基链烷酸酯和合成聚合物		
技术问题	配制者已经开发出包含大量纸浆纤维的纤维结构和质量分数大于30%的低绒毛长丝，但未能成功生产包含大量固体添加剂的纤维结构，例如纸浆纤维；质量分数小于30%的长丝纤维结构表现出低起绒，例如干起绒分数小于2.5		
技术分支	天然纤维原料；制备工艺；应用-纸；聚合物-淀粉、壳聚糖等		

发明名称	含有纤维结构的物品		
公开号	US11015296B2	申请日期	2019-07-15
同族	CA3036756A1 | CA3038131A1 | CA3038131C | EP3526402A1 | EP3526402B1 | EP3526406A1 | EP3526406B1 | ES2884449T3 | PL3526406T3 | US10385515B2 | US11015296B2 | US20180105991A1 | US20180105999A1 | US20190338467A1 | US20210277606A1 | US62409114P0 | WO2018075509A1 | WO2018075522A1	法律状态	有效
摘要	提供了诸如卫生纸产品之类的制品，包括纤维结构，更具体地，包括具有多个纤维元件的纤维结构的制品，其中该制品在整个制品的厚度上表现出不同的纤维素含量，并提供了该制品的制造方法。纸浆纤维包括木浆纤维。木浆纤维选自：北方针叶木牛皮纸浆纤维、南方针叶木牛皮纸浆纤维、北方阔叶木浆纤维、热带阔叶木浆纤维及其混合物		
技术问题	因此，需要包含纤维结构的制品，其表现出新的不同纤维素含量，导致制品表现出消费者可接受的改进的松散和/或吸收性能，在消费者使用期间和/或没有湿润时保持足够的此类松散性能不利地影响和/或改善此类制品及其制造方法的柔软度和/或柔韧性和/或刚度		
技术分支	天然纤维原料；制备工艺；应用-纸		

<table>
<tr><td>发明名称</td><td colspan="3">吸收性和弹性纤维结构</td></tr>
<tr><td>公开号</td><td>US11338544B2</td><td>申请日期</td><td>2017-10-17</td></tr>
<tr><td>同族</td><td>CA3036890A1 | CA3037568A1 |
CA3037568C | CA3037574A1 |
CA3037574C | CA3037772A1 |
CA3037772C | CA3037776A1 |
CA3037980A1 | CA3037982A1 |
CA3038127A1 | CA3038127C |
CA3101552A1 | CA3101552C |
EP3526396A1 | EP3526396B1 |
EP3526397A1 | EP3526397B1 |
EP3526398A1 | EP3526398B1 |
EP3526399A1 | EP3526399B1 |
EP3526400A1 | EP3526400B1 |
EP3526401A1 | EP3526401B1 |
EP3526404A1 | EP3526404B1 |
EP3526404B8 | EP3526405A1 |
EP3526405B1 | US10647088B2 |
US11235551B2 | US11247431B2 |
US11285690B2 | US11285691B2 |
US11292227B2 | US11292228B2 |
US11292229B2 | US11338544B2 |
US20180105992A1 | US20180105993A1 |
US20180105994A1 | US20180105995A1 |
US20180105996A1 | US20180105997A1 |
US20180105998A1 | US20190077115A1 |
US20200276786A1 | US20200276787A1 |
US20220212437A1 | US20220212438A1 |
US20220212439A1 | US20220219427A1 |
US20220266569A1 | US20220274373A1 |
US62409202P0 | WO2018075510A1 |
WO2018075513A1 | WO2018075515A1 |
WO2018075516A1 | WO2018075517A1 |
WO2018075518A1 | WO2018075519A1 |
WO2018075520A1</td><td>法律状态</td><td>有效</td></tr>
<tr><td>摘要</td><td colspan="3">提供了制品，例如卫生纸制品，包括纤维结构，更具体地，包括具有多个纤维元件的纤维结构的制品，其中制品在制品的整个厚度上表现出不同的纤维素含量，以及制备该制品的方法。除了各种木浆纤维外，其他纤维素纤维如棉绒、人造丝、莱赛尔纤维、毛状体、种子毛、稻草、麦草、竹子和甘蔗渣纤维也可用于本发明</td></tr>
<tr><td>技术问题</td><td colspan="3">需要包含纤维结构的制品，其表现出新的不同纤维素含量，导致制品表现出消费者可接受的改进的松散和/或吸收性能，在消费者使用期间和/或没有湿润时保持足够的此类松散性能不利地影响和/或改善此类制品及其制造方法的柔软度和/或柔韧性和/或刚度</td></tr>
<tr><td>技术分支</td><td colspan="3">天然纤维原料；制备工艺</td></tr>
</table>

发明名称	纤维元件和使用它的纤维结构		
公开号	US20210095395A1	申请日期	2020-12-11
同族	AU2010313170A1 | AU2010313170B2 | BR112012010003A2 | CA2779719A1 | CA2779719C | EP2496737A1 | MX2012005108A | MX338419B | US10895022B2 | US20110104419A1 | US20210095395A1 | US61257275P0 | WO2011053956A1	法律状态	审理中
摘要	提供了纤维元件，如长丝，并且更具体地涉及采用聚合物和润湿剂的纤维元件，制造这种纤维元件的方法，采用这种纤维元件的纤维结构，制造这种纤维结构的方法和包含这种纤维结构的包装		
技术问题	需要一种纤维元件，如长丝，其包含聚合物和润湿剂，以克服与现有疏水长丝和包含纤维元件的纤维结构相关的缺点		
技术分支	天然纤维原料；制备工艺；聚合物-聚乳酸		

发明名称	可生物降解和可回收的阻隔纸层压板		
公开号	US20220112663A1	申请日期	2021-10-07
同族	US20220112663A1 | US63089595P0 | WO2022077008A1	法律状态	审理中
摘要	一种可生物降解和可回收的阻隔纸层压制品，包括防渗透的无机阻隔层。可生物降解和可回收的纸包括天然纤维，其包括纤维素基纤维、竹纤维、棉花、马尼拉麻、洋麻、sabai 草、亚麻、esparto 草、稻草、黄麻、大麻、甘蔗渣、马利筋绒纤维、菠萝叶纤维中的至少一种，木纤维、纸浆纤维或其组合		
技术问题	众所周知，可生物降解的材料的阻隔性能对湿气很差，如果将可生物降解的聚合物代替聚乙烯用于涂层，这种可生物降解的聚合物涂层必然非常厚，导致纸张回收过程中出现问题。对于具有防潮层和密封剂层的柔性包装应用的纸层压板的需求未得到满足，在土壤和水环境等环境中以及在堆肥情况下对环境的影响降低，并且还能够提高工业用纸的回收效率		
技术分支	天然纤维原料；制备工艺；生物降解；聚合物-聚乙烯醇；应用-纸、包装		

4.4 诺瓦蒙特股份公司

发明名称	包含聚烯烃和脂族-芳族共聚聚酯的聚合物组合物		
公开号	CN101657504B	申请日期	2007-12-20
同族	CN101657504A | CN101657504B | EP2104712A1 | EP2104712B1 | HK1141308A | IN4277CHENP2009A | IT1375968B1 | ITMI2006002469A1 | US20100062670A1 | WO2008074878A1	法律状态	有效
摘要	包含聚烯烃和二酸二醇脂族-芳族共聚聚酯的聚合物组合物，其中芳族部分主要由对苯二甲酸或其衍生物组成，脂族部分由壬二酸、癸二酸和十三烷二酸和 C2-C13 二醇组成。在没有增容剂存在的情况下，所述共聚聚酯尤其与聚烯烃相容，特别是与全同立构聚丙烯相容。其中所述添加剂选自天然纤维和填料		
技术问题	已知聚烯烃是与大多数聚合物不相容的聚合物。由于它们低的表面张力，它们与大多数已知的聚合物相容性差，并因此难以涂饰和着色。例如，不同于中性纺织(woven neutral) 和染后着色的聚酯纤维，聚丙烯纤维通常是本体着色的，它们导致仓库管理问题严重。此外，已知上述不相容性代表聚烯烃的可循环性的最大问题之一		
技术分支	天然纤维原料；制备工艺；生物降解；聚合物-聚烯烃		

发明名称	通过辐照发泡的可生物降解粒料		
公开号	CN102892826B	申请日期	2011-05-13
同族	AU2011251907A1 | AU2011251907B2 | BR112012027899A2 | BR112012027899B1 | CA2797285A1 | CA2797285C | CN102892826A | CN102892826B | EP2569363A1 | EP2569363B1 | IT1400247B1 | ITMI2010000865A1 | KR101878994B1 | KR1020130109002A | US10745542B2 | US20130065055A1 | US20180009970A1 | WO2011141573A1	法律状态	有效
摘要	本发明涉及可通过辐照发泡的可生物降解的淀粉-基粒料，所述粒料尤其适合于制造泡沫制品，其特征在于它们具有带低多孔外表层的多孔结构。本发明还涉及由此粒料获得的泡沫制品		
技术问题	在保护包装领域中广泛使用 EPS 产生了与这一材料累积和弃置有关的问题。除此以外，它由其组成的单体的合成来源限制了这一材料显著降低由不可再生碳来源的资源（原料）消耗的能力		
技术分支	天然纤维原料；制备工艺；生物降解；聚合物-淀粉；应用-包装		

发明名称	基于淀粉的可生物降解的多相组合物		
公开号	CN101522797B	申请日期	2007-09-26
同族	AU2007302005A1 | AU2007302005B2 | BRPI0715273A2 | BRPI0715273A8 | BRPI0715273B1 | CA2662105A1 | CA2662105C | CN101522797A | CN101522797B | EP2074175A2 | EP2074175B1 | ES2793243T3 | HK1135129A | IN2274CHENP2009A | IN277893B | IT1376159B1 | ITMI2006001845A1 | JP2010505017A | PL2074175T3 | PT2074175T | RU2009114686A | RU2476465C2 | US20100003434A1 | US8101253B2 | WO2008037744A2 | WO2008037744A3	法律状态	有效
摘要	本发明涉及可生物降解的多相组合物，其特征在于它们包含三个相：①连续相，由至少一种与淀粉不相容的韧性疏水聚合物的基质组成；②平均尺寸小于0.3 μm的纳米颗粒分散的淀粉相；③至少一种模量大于1 000 MPa的刚性且脆性聚合物的另外的分散相。该组合物具有大于300 MPa的模量和与扯裂延展相关的在两个纵向和横向方向上实质的各向同性		
技术问题	市场上目前存在的基于淀粉的可生物降解袋的一个缺陷在于缺乏机械性能的均一性，特别是在横向和纵向上的撕裂强度。大规模零售商使用的尺寸为60 cm×60 cm的购物袋普遍是由厚度为18~20 μm的PE制成的。但是，在这些厚度下，基于淀粉的可生物降解膜仍过于柔顺或者过于脆性以致不能经受住一定极限质量（即10 kg）。这些性能方面的局限性在低湿度条件下特别明显		
技术分支	天然纤维原料；制备工艺；生物降解；聚合物-淀粉；应用-包装		

<table>
<tr><td>发明名称</td><td colspan="3">具有提高的切口冲击强度的聚合物共混物</td></tr>
<tr><td>公开号</td><td>CN103122129B</td><td>申请日期</td><td>2004-12-17</td></tr>
<tr><td>同族</td><td>AU2004309338A1 | AU2004309338B2 | AU2004309361A1 | AU2004309361B2 | CA2549990A1 | CA2549990C | CA2550002A1 | CA2550002C | CN103122129A | CN103122129B | CN1898324A | CN1898324B | CN1898325A | CN1898325B | EP1697461A1 | EP1697461B1 | EP1697462A1 | EP1697462B1 | ES2718635T3 | ES2720601T3 | IN254521B | IN277365B | IN3550DELNP2006A | IN3551DELNP2006A | JP2007515543A | JP2007515543A5 | JP2007515546A | JP2007515546A5 | JP2012062490A | JP2012193387A | KR101151939B1 | KR101152076B1 | KR1020060120215A | KR1020060120216A | MX282710B | MX282711B | MXPA06007104A | MXPA06007106A | NO20063357A | NO20063357L | NO20063359A | NO20063359L | WO2005063881A1 | WO2005063883A1</td><td>法律状态</td><td>审理中</td></tr>
<tr><td>摘要</td><td colspan="3">本发明涉及具有提高切口冲击强度的聚合物共混物，其包含：70%~80%质量的至少一种柔性可生物降解的聚合物A，其玻璃化转变温度为大约低于0℃；20%~30%质量的至少一种刚性可生物降解的聚合物B，其玻璃化转变温度大约高于10℃；所述百分数是基于所述聚合物共混物的总质量；其中，所述聚合物共混物按照ASTM D256的切口伊佐德冲击强度为至少7.5ft-1bs/in。其中所述至少一种填料是纤维，所述纤维选自天然存在的有机纤维、无机纤维和回收纸纤维</td></tr>
<tr><td>技术问题</td><td colspan="3">提供具有提高的切口伊佐德冲击强度的可生物降解的聚合物共混物，该共混物可以容易地被注射模塑，或者成型为薄膜和片材，它们与现有生化聚合物相比具有较高的温度稳定性，这在本领域中将是一种进步</td></tr>
<tr><td>技术分支</td><td colspan="3">制备工艺；生物降解；聚合物；应用-包装</td></tr>
</table>

<table>
<tr><td>发明名称</td><td colspan="3">基于纳米颗粒淀粉的可生物降解的组合物</td></tr>
<tr><td>公开号</td><td>CN101516997B</td><td>申请日期</td><td>2007-09-26</td></tr>
<tr><td>同族</td><td>AT468372T | AT547476T |
AU2007302010A1 | AU2007302010B2 |
BRPI0715276A2 | BRPI0715276B1 |
CA2662446A1 | CA2662446C |
CN101516997A | CN101516997B |
DE602007006679D1 | DE602007006679T2 |
EP2074176A2 | EP2074176B1 |
EP2202274A2 | EP2202274A3 |
EP2202274B1 | ES2345518T3 |
ES2382530T3 | HK1134103A |
IN2230CHENP2009A | IN278523B |
IT1376160B1 | ITMI2006001844A1 |
JP2010505018A | PL2074176T3 |
PL2202274T3 | PT2202274E |
RU2009114684A | RU2479607C2 |
US20090311455A1 | US8043679B2 |
WO2008037749A2 | WO2008037749A3</td><td>法律状态</td><td>有效</td></tr>
<tr><td>摘要</td><td colspan="3">本发明涉及可生物降解的多相组合物，其包含由至少一种与淀粉不相容的韧性疏水聚合物的基质组成的连续相以及平均尺寸小于0.25 μm的纳米颗粒分散的淀粉相。该组合物特征在于断裂负荷、杨氏模量和断裂能</td></tr>
<tr><td>技术问题</td><td colspan="3">市场上目前存在的基于淀粉可生物降解袋的一个缺陷在于缺乏机械性能的均一性，特别是在横向和纵向上的撕裂强度。大规模零售商使用的尺寸为60 cm×60 cm的购物袋普遍是由厚度为18~20 μm的PE制成的，但是，在这些厚度下，基于淀粉的可生物降解的膜仍过于柔顺或者过于脆性以致不能经受住一定极限质量（即10 kg）。这些性能方面的局限性在低湿度情形下特别明显</td></tr>
<tr><td>技术分支</td><td colspan="3">天然纤维原料；制备工艺；生物降解；聚合物-淀粉；应用-包装</td></tr>
</table>

发明名称	制造注塑制品的聚合物组合物		
公开号	CN107849341A	申请日期	2016-07-29
同族	CN107849341A ｜ CN107849342A ｜ CN107922711A ｜ CN115505244A ｜ CN115556452A ｜ CN115651371A ｜ EP3328939A1 ｜ EP3328939B1 ｜ EP3328940A1 ｜ EP3328940B1 ｜ EP3328941A1 ｜ EP3328941B1 ｜ EP3800222A1 ｜ EP3808812A1 ｜ EP4032953A1 ｜ ES2759368T3 ｜ ES2827952T3 ｜ ES2913899T3 ｜ IT201500040869A1 ｜ IT201500040869B1 ｜ ITUB2015002688A1 ｜ PL3328939T3 ｜ PL3328940T3 ｜ PL3328941T3 ｜ US10597528B2 ｜ US10774213B2 ｜ US10774214B2 ｜ US11427708B2 ｜ US11434363B2 ｜ US20180208760A1 ｜ US20180208761A1 ｜ US20180223095A1 ｜ US20200369870A1 ｜ US20200369871A1 ｜ US20220363891A1 ｜ US20220372278A1 ｜ WO2017021335A1 ｜ WO2017021337A1 ｜ WO2017021338A1	法律状态	审理中
摘要	本发明涉及尤其适合制造注塑制品中使用的聚合物组合物，它在工业堆肥中可生物降解。本发明还涉及生产所述组合物的方法和由此获得的制品。该聚合物组合物包括，相对于组分i）~v）之和，i）质量分数为20%~60%至少一种聚酯，所述聚酯如下。a）二羧酸组分，所述二羧酸组分相对于全部二羧酸组分包含：a1）摩子分数为0%~20%由至少一种芳族二羧酸衍生的单元；a2）摩子分数为80~100%由至少一种饱和脂族二羧酸衍生的单元；a3）摩子分数为0%~5%由至少一种不饱和脂族二羧酸衍生的单元。b）二醇组分，所述二醇组分相对于全部二醇组分包含：b1）摩子分数为95%~100%由至少一种饱和脂族二醇衍生的单元；b2）摩子分数为0%~5%由至少一种不饱和脂族二醇衍生的单元。ii）质量分数为30%~60%至少一种聚羟基烷酸酯。iii）质量分数为0.01%~5%的至少一种交联剂和/或扩链剂，所述交联剂和/或扩链剂包含具有二和/或多个官能团的至少一种化合物，该官能团包括异氰酸酯、过氧化物、碳二亚胺、异氰脲酸酯、噁唑啉、环氧、酸酐、二乙烯基醚基团及其混合物。iv）质量分数为0%~10%至少一种填充剂。v）质量分数为2%~30%植物纤维		
技术问题	尽管制造具有这种大厚度的制品会确保所需的抗变形性能，但当这些制品用本身可生物降解的聚合物制造时，确保这些制品具有可崩解性能，从而使得它们适用于工业堆肥用装置产生难度		
技术分支	天然纤维原料；制备工艺；生物降解；聚合物；应用		

<table>
<tr><td>发明名称</td><td colspan="3">新型聚酯和含有它的组合物</td></tr>
<tr><td>公开号</td><td>CN109312061A</td><td>申请日期</td><td>2017-04-20</td></tr>
<tr><td>同族</td><td>CA3020635A1 | CA3020678A1 | CA3020680A1 | CN109196017A | CN109196018A | CN109312061A | EP3445800A1 | EP3445801A1 | EP3445801B1 | EP3445802A1 | ES2776849T3 | IT201600040946A1 | IT201600040946B1 | ITUA2016002764A1 | PL3445801T3 | US10738149B2 | US11021569B2 | US20190112418A1 | US20190119437A1 | US20190119438A1 | WO2017182571A1 | WO2017182576A1 | WO2017182582A1</td><td>法律状态</td><td>审理中</td></tr>
<tr><td>摘要</td><td colspan="3">本发明涉及尤其适合用于制造大量生产的制品的可生物降解聚酯，所述制品特征在于与针对氧气和二氧化碳的高阻隔性能有关的优异机械性能，尤其是高拉伸强度、伸长率和拉伸模量</td></tr>
<tr><td>技术问题</td><td colspan="3">本发明要解决的问题是找到新型可生物降解聚酯，所述可生物降解聚酯能够确保使用它获得的产品在使用时的高性能，尤其是优异的可加工性和机械性能，包括高拉伸强度、伸长率和拉伸模量，连同针对氧气和二氧化碳的高阻隔性能</td></tr>
<tr><td>技术分支</td><td colspan="3">制备工艺；生物降解；聚合物-聚酯</td></tr>
</table>

<table>
<tr><td>发明名称</td><td colspan="3">用于具有改善的机械特性和可降解性的膜的聚合物组合物</td></tr>
<tr><td>公开号</td><td>CN115066284A</td><td>申请日期</td><td>2020-12-17</td></tr>
<tr><td>同族</td><td>BR112022012661A2 | CA3165622A1 |
CN115066284A | EP4081320A1 |
IT019000025471B1 | IT201900025471A1 |
IT201900025471B1 | KR1020220125263A |
US20230049166A1 | WO2021130106A1</td><td>法律状态</td><td>审理中</td></tr>
<tr><td>摘要</td><td colspan="3">聚合物组合物，相对于总的组合物包含如下。i）相对于组分 i）至组分 iv）的总和质量分数为 30%~95%，优选质量分数为 50%~85%的至少一种聚酯，所述至少一种聚酯如下。a）二羧酸组分，相对于总的二羧酸组分包含：a1）摩子分数为 30%~70%的衍生自至少一种芳族二羧酸的单元；a2）摩子分数为 30%~70%的衍生自至少一种饱和脂族二羧酸的单元；a3）摩子分数为 0%~5%的衍生自至少一种不饱和脂族二羧酸的单元。b）二醇组分，相对于总的二醇组分包含：b1）摩子分数为 95%~100%的衍生自至少一种饱和脂族二醇的单元；b2）摩子分数为 0%~5%的衍生自至少一种不饱和脂族二醇的单元。ii）相对于组分 i）至组分 vi）的总和质量分数为 0.1%~50%的至少一种天然来源的聚合物。iii）相对于组分 i）至组分 vi）的总和质量分数为 0.1%~10%的不同于第 iv）点提及的乳酸聚酯的至少一种聚羟基链烷酸酯。iv）相对于组分 i）至组分 vi）的总和质量分数为 0%~3%的至少一种乳酸聚酯。v）相对于组分 i）至组分 vi）的总和质量分数为 0%~1%，优选质量分数为 0%~0.5%的至少一种交联剂和/或扩链剂和/或水解稳定剂，所述至少一种交联剂和/或扩链剂和/或水解稳定剂包括至少一种包含异氰酸酯基、过氧化物基、碳二亚胺基、异氰脲酸酯基、唑啉基、环氧基、酸酐基和二乙烯基醚基的双官能化合物和/或多官能化合物以及这些的混合物。vi）相对于组分 i）至组分 vi）的总和质量分数为 0%~15%的至少一种无机填料试剂
其中组分 ii)，天然来源的聚合物，选自淀粉、甲壳质、壳聚糖、藻酸盐，蛋白质例如面筋、玉米、酪蛋白、骨胶原、明胶、天然树胶、纤维素和果胶</td></tr>
<tr><td>技术问题</td><td colspan="3">目前市场上使用的脂族聚酯，特别是乳酸聚酯、二酸-二醇类型脂族-芳族聚酯和天然来源的聚合物，例如淀粉制成的聚合物组合物可以用于获得通常特征为良好的机械特性和根据 EN13432 的可生物降解性，以及在高温下的最佳可降解性的膜。即使在低于 58 ℃的温度（堆肥过程的典型温度）下也需要越来越高的分解速度。这是因为随着周期越来越短，堆肥厂的效率越来越高。虽然堆肥品质以及因此其腐熟度是土壤健康的重要方面，但分解速度快的可生物降解的生物塑料将克服堆肥厂不足可能导致的问题</td></tr>
<tr><td>技术分支</td><td colspan="3">天然纤维原料；制备工艺；生物降解；聚合物-乳酸聚酯、天然来源聚合物；应用</td></tr>
</table>

<table>
<tr><td>发明名称</td><td colspan="3">包含天然来源的聚合物和脂肪族-芳香族共聚酯的可生物降解组合物</td></tr>
<tr><td>公开号</td><td>US9156980B2</td><td>申请日期</td><td>2010-11-04</td></tr>
<tr><td>同族</td><td>BR112012010341A2 | BR112012010341B1 | CA2775181A1 | CA2775181C | CN102639594A | CN102639594B | EP2496631A1 | EP2496631B1 | EP3070111A1 | EP3070111B1 | EP3284767A1 | EP3284767B1 | ES2589386T3 | ES2655168T3 | ES2744481T3 | IT1399031B1 | ITMI2009001941A1 | JP2013510211A | JP5727498B2 | PL3070111T3 | PL3284767T3 | US20120316257A1 | US9156980B2 | WO2011054896A1</td><td>法律状态</td><td>有效</td></tr>
<tr><td>摘要</td><td colspan="3">本发明涉及一种可生物降解的组合物，其包含至少一种天然来源的聚合物和至少一种脂肪族-芳香族共聚酯，由包含脂肪族二醇、多官能芳香酸和至少两种脂肪族二羧酸的混合物开始，其中至少一种是长链。所述组合物结合了改进的生物降解性、优异的机械性能、高水平的工业加工性、有限的环境影响以及在环境因素影响下物理性能的稳定性。所述至少一种天然来源的聚合物选自淀粉、纤维素、甲壳质、壳聚糖、海藻酸盐、蛋白质、天然橡胶、松香酸及其衍生物、木质素及其衍生物</td></tr>
<tr><td>技术问题</td><td colspan="3">目前市售的这类聚酯的芳族酸摩尔分数低于 48%，因为高于此阈值，这些聚酯的生物降解百分比会显著降低。这显著限制了将所述聚酯用于需要与可堆肥性相关的高机械性能的应用的可能性</td></tr>
<tr><td>技术分支</td><td colspan="3">天然纤维原料；制备工艺；生物降解；聚合物-天然来源聚合物</td></tr>
</table>

发明名称	可生物降解聚酯与至少一种天然聚合物的混合物		
公开号	US8846825B2	申请日期	2010-11-04
同族	BR112012010358A2 | BR112012010358B1 | CA2775176A1 | CA2775176C | CN102597105A | CN102597105B | EP2496644A1 | EP2496644B1 | EP3085737A1 | EP3085737B1 | EP3640300A1 | ES2596321T3 | ES2768873T3 | IT1396597B1 | ITMI2009001938A1 | JP2013510210A | JP5727497B2 | US20120322908A1 | US20140364539A1 | US8846825B2 | US9273207B2 | WO2011054892A1	法律状态	有效
摘要	本发明涉及包含可生物降解聚酯的混合物，该聚酯包含至少一种天然来源的聚合物和至少两种二酸-二醇类型的脂族-芳族聚酯，其中至少一种具有高含量的可再生来源的长链脂族二酸显示优异的机械性能、足够高的熔化温度、足够的结晶速度、改进的生物降解性能以及物理性能随时间的稳定性。 所述至少一种天然来源的聚合物选自淀粉、纤维素、甲壳质、壳聚糖、海藻酸盐、蛋白质、天然橡胶、松香酸及其衍生物、木质素及其衍生物		
技术问题	这些聚合物的局限性在于构成它们的单体主要来自不可再生资源这一事实。这导致无论其生物降解性如何，它们都会对环境产生重大影响。此外，目前市售的此类聚酯的芳族酸摩尔分数低于48%，因为超过该阈值，这些聚酯的生物降解百分比甚至会显著降低。这显著限制了将所述聚酯用于需要与可堆肥性相关的高机械性能的应用的可能性，例如生产用于收集有机废物的袋子		
技术分支	天然纤维原料；制备工艺；生物降解；聚合物-天然来源聚合物		

发明名称	辐照发泡的可生物降解颗粒		
公开号	IN10301CHENP2012A	申请日期	2012-12-10
同族	IN10301CHENP2012A | IN345744B	法律状态	有效
摘要	本发明涉及可通过辐射发泡的可生物降解淀粉基粒料，特别适用于制造泡沫制品，其特征在于它们具有多孔结构和低多孔外皮。本发明还涉及由这些获得的泡沫制品所述其他天然来源的聚合物选自纤维素、木质素、蛋白质、磷脂、酪蛋白、多糖、天然树胶、松香酸、糊精、它们的混合物和衍生物		
技术问题	EPS在保护性包装领域的广泛使用已经产生了与这种材料的积累和处置相关的问题。除此之外，组成它的单体的合成来源限制了这种材料显著减少源自不可再生碳的资源（原料）消耗的能力。因此，塑料行业将其活动重点放在研究和开发具有与传统泡沫材料相似性能的新材料上，同时有助于解决与这些材料的积累和在其使用寿命结束时的处置相关的环境问题循环，以及源自不可再生碳的资源消耗		
技术分支	天然纤维原料；制备工艺；生物降解；聚合物-天然来源聚合物；应用-包装		

发明名称	可生物降解的脂族-芳族聚酯		
公开号	US10174157B2	申请日期	2010-11-05
同族	CA2775178A1 | CA2775178C | CN102597050A | CN102597050B | EP2496630A1 | EP2496630B1 | ES2605622T3 | IT1399032B1 | ITMI2009001943A1 | JP2013510213A | JP2015145502A | JP2017082234A | JP6267668B2 | US10174157B2 | US20120220680A1 | WO2011054926A1	法律状态	审理中
摘要	公开了由脂族二羧酸、多官能芳族酸和二醇获得的可生物降解的脂族-芳族聚酯，其中多官能芳族酸由可再生和合成来源的酸的混合物构成，其酯。特别地，多官能芳族酸包括至少一种邻苯二甲酸和至少一种可再生来源的杂环芳族二酸，其可以是2,5-呋喃二甲酸及其酯。此外，还提供了聚酯与其他天然和合成来源的可生物降解聚合物的混合物。所述天然来源的聚合物选自淀粉、纤维素、几丁质、壳聚糖、藻酸盐、蛋白质（如谷蛋白、玉米醇溶蛋白、酪蛋白、胶原蛋白）、明胶、天然橡胶、松香酸及其衍生物、木质素及其衍生物		
技术问题	对苯二甲酸是合成来源的，任何由可再生资源生产的方法都过于复杂。这限制了目前销售的这种类型的聚酯在很大程度上减少就不可再生碳原料而言的环境影响的能力，而不管它们的生物降解性如何。如果能够保持合适的生物降解特性和使用性能，那么在链中存在可再生来源的芳族酸将是理想的，因为它允许从可再生来源的原料获得聚合物，用于占总碳的比例非常高。事实上，使用植物来源的单体有助于减少大气中的二氧化碳并减少不可再生资源的使用		
技术分支	天然纤维原料；制备工艺；生物降解；聚合物-天然来源聚合物		

发明名称	可生物降解的脂族-芳族聚酯		
公开号	IN319818B	申请日期	2012-06-04
同族	IN319818B | IN4859CHENP2012A	法律状态	有效
摘要	本发明涉及由脂族二羧酸、多官能芳族酸和二醇获得的可生物降解的脂族-芳族聚酯，其中多官能芳族酸由可再生和合成来源的酸的混合物构成 所述天然来源的聚合物选自淀粉、纤维素、几丁质、壳聚糖、藻酸盐、蛋白质如谷蛋白、玉米醇溶蛋白、酪蛋白、胶原蛋白、明胶、天然橡胶、松香酸及其衍生物、木质素及其衍生物		
技术问题	对苯二甲酸是合成来源的，任何由可再生资源生产的方法都过于复杂。这限制了目前市售的这种类型的聚酯在很大程度上减少对不可再生碳原料的环境影响的能力，而不管它们的生物降解性如何。如果可以保持合适的生物降解特性和使用性能，那么在链中存在可再生来源的芳族酸将是理想的，因为它允许从可再生资源的原料中获得聚合物，用于占总碳的比例非常高。事实上，使用植物来源的单体有助于减少大气中的二氧化碳并减少对不可再生资源的使用		
技术分支	天然纤维原料；制备工艺；生物降解；聚合物-天然来源聚合物		

4.5 小结

东华大学的有效和在审的专利中，天然纤维原料涉及椰壳纤维、黄麻纤维、剑麻纤维、大麻纤维、苎麻纳米纤维素、落麻、木质素、细菌纤维素、苎麻原麻、木浆纤维素、棉花纤维素、秸秆纤维素、竹纤维素、木棉纤维等。聚合物涉及聚己二酸对苯二甲酸丁二醇酯（PBAT）、PHBV短纤维、木聚糖、聚乳酸、壳聚糖等。降解方式涉及生物降解。应用涉及育秧膜、麻地膜、包装、医用、农用、织物、催化剂、非织造布、污水处理等。

华南理工大学的有效和在审的专利中，天然纤维原料涉及竹材粉末、木质素、剑麻纤维、纳米微晶纤维素、竹纤维、麻纤维、蔗渣纤维、椰壳纤维、木棉纤维、菠萝叶纤维、棕榈叶纤维、香蕉纤维、藕丝纤维、竹笋纤维素、细菌纤维素、棉短绒、秸秆、菠萝皮渣、废纸、龙须草纤维、棉秆浆、木质生物质、细菌纤维素、麻浆、阔叶木纸浆、针叶木纸浆、玉米芯纤维等。聚合物涉及淀粉、聚乳酸、壳聚糖、甲壳素、PABT聚乙烯吡咯烷酮、丁腈橡胶、聚烯烃、聚乙烯醇等。降解方式涉及生物降解。应用涉及纸、地膜、包装、电子、医用、容器、建筑、非织造布、吸管、污水处理等。

宝洁公司的有效和在审的专利中，天然纤维原料涉及北方针叶木牛皮纸浆纤维、南方针叶木牛皮纸浆纤维、北方阔叶木浆纤维、热带阔叶木浆纤维、棉绒、人造丝、莱赛尔纤维、毛状体、种子毛、稻草、麦草、竹子、甘蔗渣纤维、纤维素基纤维、棉花、马尼拉麻、洋麻、sabai草、亚麻、esparto草、稻草、黄麻、大麻、甘蔗渣、马利筋绒纤维、菠萝叶纤维、木纤维、纸浆纤维等。聚合物涉及淀粉、淀粉衍生物、纤维素和纤维素衍生物、半纤维素、半纤维素衍生物、甲壳质、壳聚糖、聚乳酸、聚乙烯醇等。降解方式涉及生物降解。应用涉及纸、包装等。

诺瓦蒙特股份公司的有效和在审的专利中，天然纤维原料涉及天然存在的有机纤维、无机纤维和回收纸纤维等。聚合物涉及聚烯烃、聚酯、淀粉，甲壳质，壳聚糖，藻酸盐，蛋白质如面筋，玉米，酪蛋白，骨胶原，明胶，天然树胶，纤维素和果胶、纤维素、天然橡胶、松香酸及其衍生物、木质素等。降解方式涉及生物降解。应用涉及包装等。

第5章　结论与建议

5.1　总结

5.1.1　全球专利情况

从申请趋势来看，天然纤维素基生物可降解材料技术领域的专利申请起步早，且已经进入技术衰退期。

从技术构成来看，天然纤维素基生物可降解材料技术领域的4个一级技术分支中，天然纤维原料相关的专利申请量最多，降解方式相关的专利数量最少。天然纤维原料、可降解聚合物和应用技术领域，均已经进入了衰退期。天然纤维原料专利中，以木纤维为天然纤维材料原料的专利数量最多。可降解聚合物技术中，天然来源聚合物的专利申请数量最多，其次为生物合成聚合物。降解方式技术领域，相关技术已经进入了成熟期。降解方式为生物降解的专利申请数量最多，而水降解方式和光降解方式的天然纤维素基生物可降解材料的专利申请数量较少。应用技术领域中，天然纤维素基生物可降解材料在织物领域的专利申请数量最多，其次在纸领域的专利数量较多。中国、美国、日本和韩国的专利申请中，主要涉及织物和纸领域；美国、日本和韩国专利申请中，还涉及层状物；此外，美国、日本和韩国专利申请中，还有较高的比例涉及非织造布技术。

从全球目标市场来看，天然纤维素基生物可降解材料技术领域，中国专利申请数量占比为62.90%，远多于其他国家。美国、世界知识产权组织、日本、欧洲的专利申请数量相对较多。但是，中国申请人申请的天然纤维素基生物可降解材料专利中，96.83%只在中国申请，仅3.17%的专利向国外申请。美国申请人申请的天然纤维素基生物可降解材料专利中，有62.54%的专利向国外申请。日本申请人申请的天然纤维素基生物可降解材料专利中，有38%的专利向国外申请。韩国申请人申请的天然纤维素基生物可降解材料专利中，有29%的专利向国外申请。可见，美国、日本和韩国的申请人比中国申请人更加关注全球市场。

从法律状态来看，全球专利中，大部分专利均已失效，占比为62%；有效专利占比为24%；还有14%专利处于审理中。4个主要国家/地区中，日本的专利失效比例最高，有效比例最低。中国专利的有效比例最高，韩国专利处于审理中的专利比例最高。

从全球专利的申请人排名来看，申请量排名前十的申请人中，有4个中国申请人和6个国外申请人。中国申请人均为大学申请人，国外申请人均为企业申请人。就申请趋势来看，中国申请人在天然纤维素基生物可降解材料技术领域近些年的研发热情相对较高。而国外申请人，近些年则对天然纤维素基生物可降解材料技术领域的研发热度相对较低一些。国外企业中，可以重点关注宝洁公司、诺瓦蒙特股份公司和巴斯夫欧洲公司。从主要申请人的专利地域布局来看，中国申请人在国外布局的专利数量很少。而国外申请人则非常重视在全球主要国家/地区的专利布局。

申请量前十的中国申请人中，有9个申请人为大学，只有1个为企业。主要中国申请人以学术研究为主。排名前十的日本申请人中，大部分申请人在天然纤维素基生物可降解材料技术领域的相关专利申请已经失效。有效专利的申请人的有效专利数量也在2件以下。排名前十的美国申请人中，宝洁公司、希乐克公司、金伯利-克拉克环球有效公司、纳慕尔杜邦公司、凯修基工业公司的大部分专利已经失效；宝洁公司、希乐克公司、巴科曼实验室国际公司和国际纸业公司的有效专利数量均在10件以上。

5.1.2　中国专利情况

从申请趋势来看，中国专利申请趋势进入了衰退期。而从国外申请趋势来看，处于成熟期。

从技术构成来看，天然纤维素基生物可降解材料的专利技术主要涉及原料、降解方式以及其应用等技术上。各个技术分支相关的专利申请增长趋势基本相同。

从申请区域来看，江苏省申请的专利数量最多，占比为17.81%；第二为安徽省，占比为10.32%；申请量第三的省份是广东省，占比为10.15%。国外申请人专利申请占比为5.20%。国外申请人中，美国申请人申请的相关专利最多，其次为日本。

从申请人来看，中国专利大部分专利由公司申请，占比为61%。其次，院校/研究所也申请了大量专利，占比为27%。但是，企业申请人未形成大规模的申请，排名前十的申请人均为院校/研究所。从有效专利数量来看，华南理工大学有效专利数量最多，第二为东华大学，排名第三的为南京林业大学。从近四年专利活跃度来看，陕西科技大学和中国林业科学研究院的专利活跃度最高。

5.2 对策与建议

5.2.1 强化专利布局

从国外主要申请人（如宝洁公司和诺瓦蒙特股份公司）和中国主要申请人（如东华大学和华南理工大学）的单件专利布局差异来看，国外主要申请人的专利权利要求数量更多，而国内申请人的专利权利要求数量一般不超过 10 条。建议国内申请人要注重单件专利的权利要求书的布局，从各个技术主题分别对技术进行保护，形成具有较大保护范围的高质量专利。从专利地域布局来看，国外主要申请人更加注重在全球的专利保护，其专利申请一般拥有较多的同族专利，可以保障其在海外其他市场的专利保护。建议国内申请人，不仅要重视国内专利布局，还应该关注产品的主要海外销售市场，在海外主要市场进行专利布局，更好地参与国际竞争。从产业链布局来看，国内主要申请人的专利技术主题更加接近天然纤维素基生物可降解材料的应用，即更多的专利技术主题涉及的是天然纤维素基生物可降解材料产业链的下游。而从宝洁公司和诺瓦蒙特股份公司的专利的技术主题可以看出，其专利保护的主题，主要涉及的是天然纤维素基生物可降解材料产业链的上游，同时，在单件专利申请中，又保护了该材料的应用，例如，聚合物组合物、多相组合物、聚合物共混物、纤维元件、纤维结构及其应用等。因此，建议国内申请人，要注重在天然纤维素基生物可降解材料的产业链的上游、中游、下游的全方位专利布局，对产品形成全面、稳定的保护网，将研发成果转化成为生产力和市场占有率，从而确保相关专利覆盖到产业链各个竞争对手。这样企业在进行维权时，就可以根据产业链中不同竞争对手的情况，利用不同的专利组合方式进行维权。

5.2.2 推动专利技术转化实施

企业是科技创新的主体，产业集群是推动生物基材料产业转型升级、引领区域经济发展的重要载体。重大技术创新，需要持续的研发投入和长期的技术积累，而我国大部分生产生物基材料的企业规模都不大，融资困难，单个企业一般难以支撑重大技术研发。目前，我国在天然纤维素基生物可降解材料技术领域的专利主要申请人为大学和科研院所，这些研究成果要应用于市场，需要依托企业将这些专利技术成果进行转化推广，因此要加快天然纤维素基生物可降解材料产业的创新发展，需培育更多骨干企业，大力度推动大学、科研院所与企业的产学研合作，打造特色更加鲜明的产业集群和示范基地、搭建生物基材料领域的产业转化平台，服务企业的知识产权保护、产品验证及数据库建设等，将大学和科研院所积累的创新成果向全行业转化，推动企业通过专利技术的引进、输出和专利的交叉许可形成专利合作，增加技术实力，形成产业链及下游应用的有力支撑，更好地参与国际竞争。

5.2.3 注意风险规避

企业在参与市场竞争中，尤其需要关注在天然纤维素基生物可降解材料技术领域有效专利较多的企业的专利保护范围，例如，华南理工大学、东华大学、南京林业大学、宝洁公司、诺瓦蒙特股份公司和巴斯夫欧洲公司等。在进行产品的生产销售时，要防范知识产权风险，避免侵犯他人的专利权。

5.3 启示

目前全球塑料和化纤产量每年5亿多吨，中国消耗量每年2亿多吨，预计2030年全球塑料和化纤产量将达到6亿吨左右，中国消耗量将达到约2.2亿吨。发展可再生的生物质能源代替日益减少的煤和石油等石化资源，是关系到我国经济可持续发展和能源战略安全的重要战略决策。为实现绿色、可持续发展，全球范围内掀起了一场用生物可再生资源替代化石资源的大变革。据欧盟《工业生物技术远景规划》规划，2030年生物基原料将替代6%~12%化工原料、30%~60%精细化学品；美国《生物质技术路线图》规划，2030年生物基化学品将替代25%有机化学品和20%的石油燃料；世界经济合作与发展组织（OECD）预测，未来十年至少有30%的石化产品可由生物基产品替代，而目前替代率不到5%，存在巨大的市场缺口。我国规划未来现代生物制造产业产值超1万亿元，生物基产品在全部化学品产量中的比重达到25%。生物基材料替代石油基材料、生物能源替代化石能源是后石油时代变革的必然，生物产业将是这场变革的重要引领者。

天然纤维素基主要来自农村居民生产生活的剩余物、废弃物，包括农作物秸秆、林业废弃物、薪炭林、木本油料林、灌木林等。我国年产各类农业废弃物 9.6 亿吨、林业废弃物 3.5 亿吨、农产品加工废弃物 1.5 亿吨。我国西南、东北地区，林业生物质资源相对丰富；东北、华北、黄淮海地区种植的秸秆资源产量大；西北地区荒漠化严重，可利用大片荒废盐碱地，规模化种植生物质能作物，作为生物质资源种植基地。这些生物质资源如果不能得到妥善处理，不仅会给环境和居民健康带来巨大危害，其中蕴藏的资源也难以得到循环利用。

我国天然纤维素基生物可降解材料正处于科研开发走向产业化规模应用关键时期，但仍存在诸多薄弱环节。如生物基材料成本普遍高，市场替代优势弱、推广应用难、生物基聚合物合成等技术尚未突破等。因此，统筹谋划基于天然纤维素基利用、促进生物基材料创新发展的政策，以天然纤维素基开发利用技术突破为基础，深化生物化工与传统化工耦合、工业与农业融合，以技术、模式创新为动力，促进生物基材料优性能、降成本、增品种、扩应用，提升生物基材料产业协同创新、规模生产、市场渗透能力，推动非粮生物基材料产业加快创新发展成为当务之急。

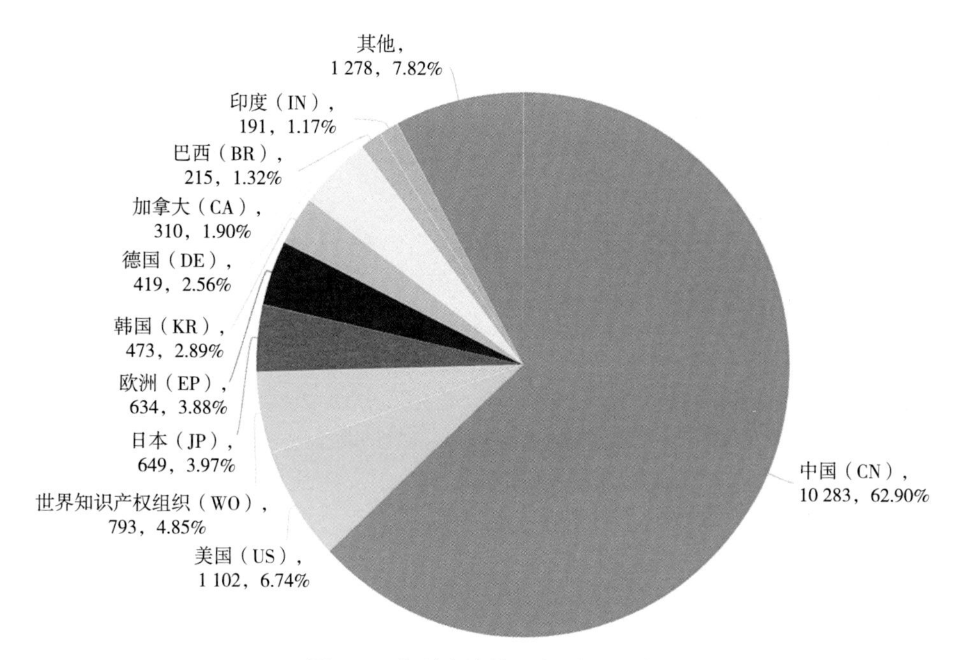

图2-3　专利申请的国家/地区分布

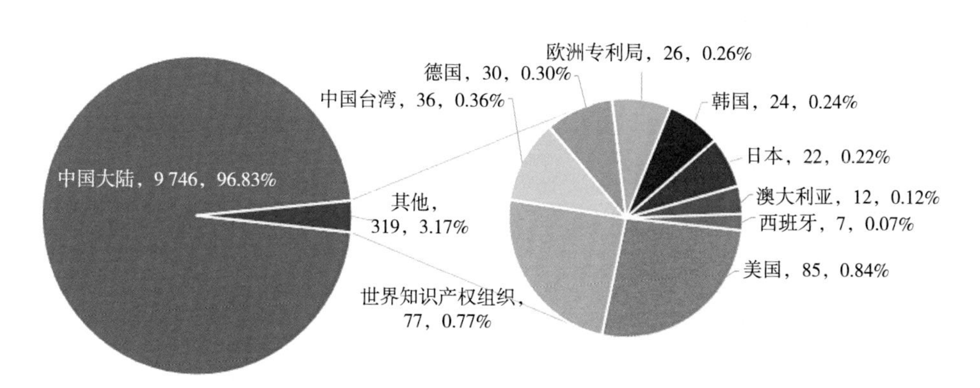

图2-4　中国申请人向国内、国外申请专利情况

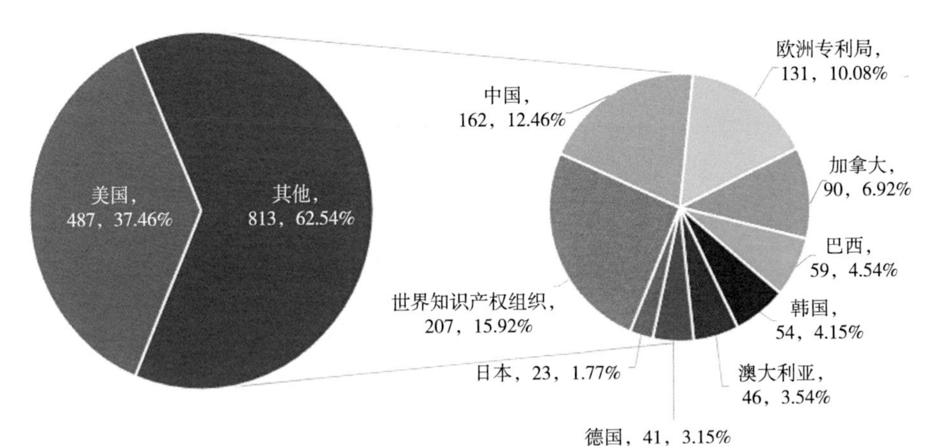

图2–5　美国申请人向国内、国外申请专利情况

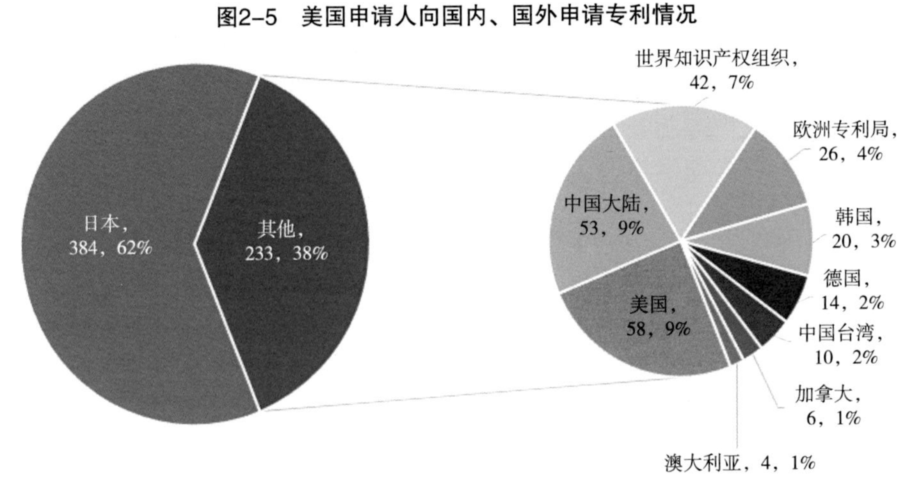

图2–6　日本申请人向国内、国外申请专利情况

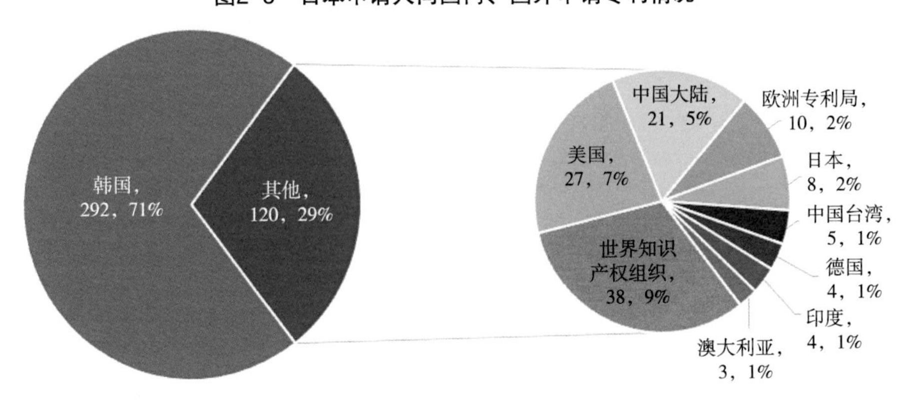

图2–7　韩国申请人向国内、国外申请专利情况

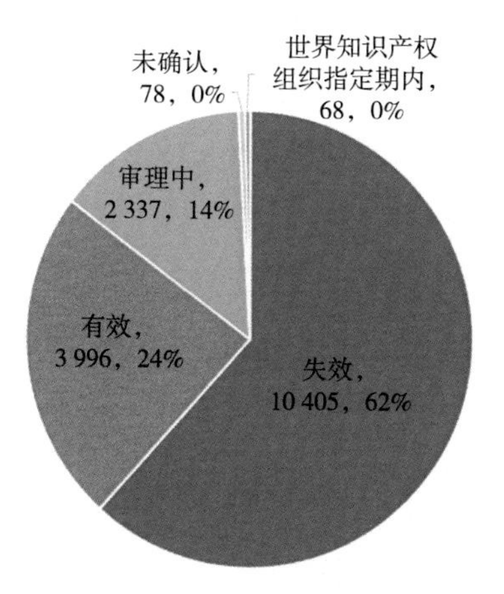

图2-8　全球专利法律状态

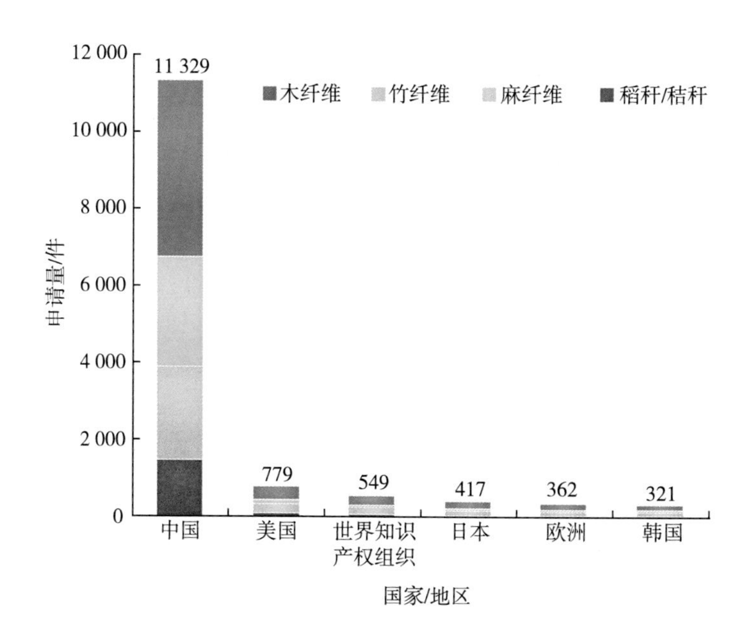

图2-13　主要国家/地区植物纤维原料相关专利申请量分布

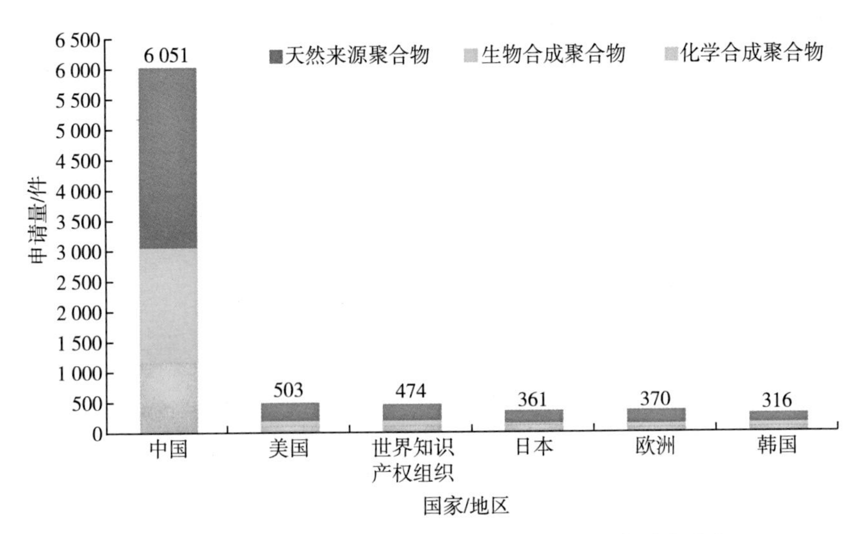

图2-17　主要国家/地区可降解聚合物相关专利申请量分布

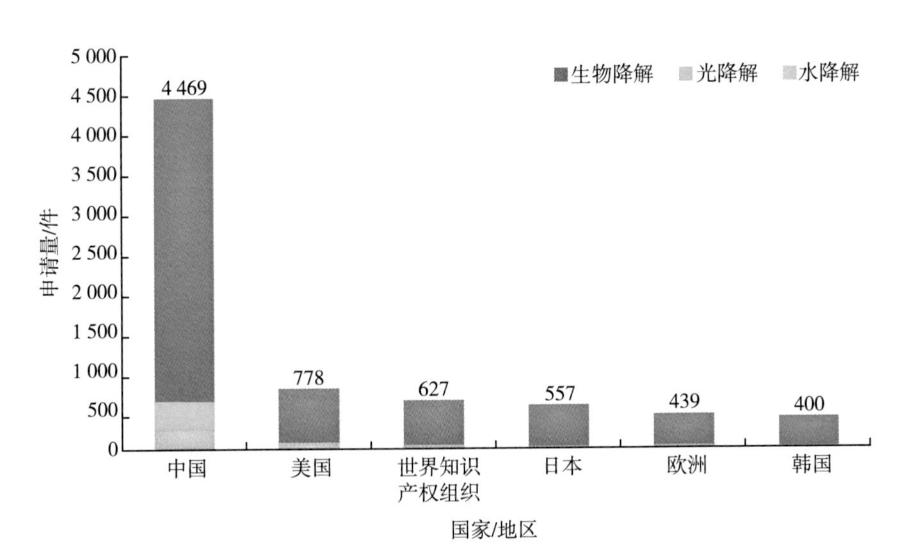

图2-21　主要国家/地区降解方式相关专利申请量分布

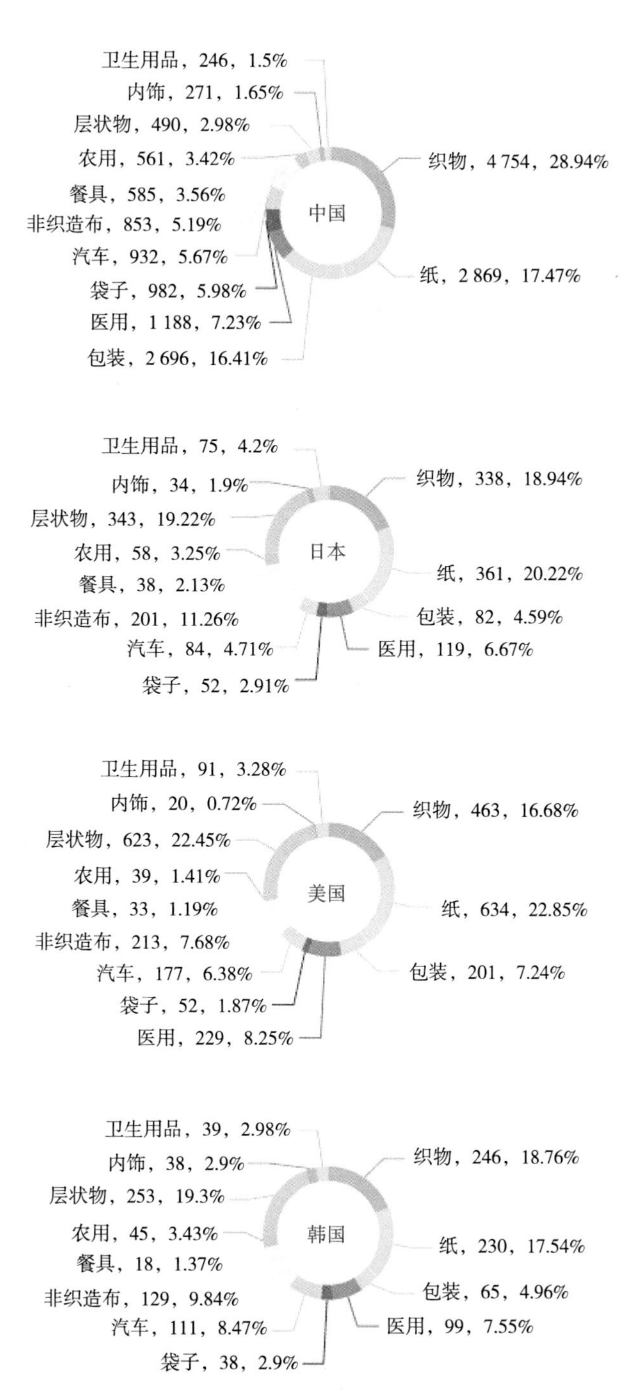

图2-24　主要国家应用技术领域相关专利申请量分布

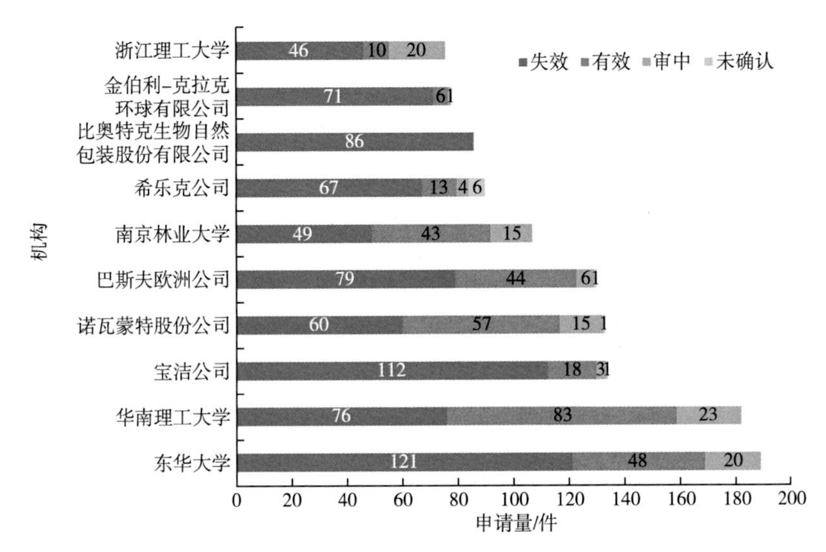

图2-25　申请量排名前十的申请人排名

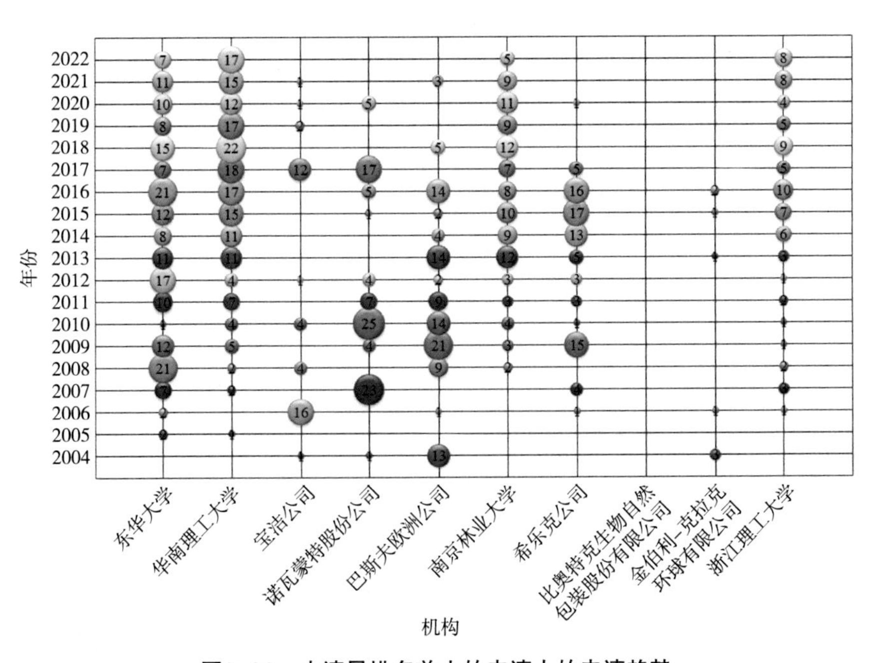

图2-26　申请量排名前十的申请人的申请趋势

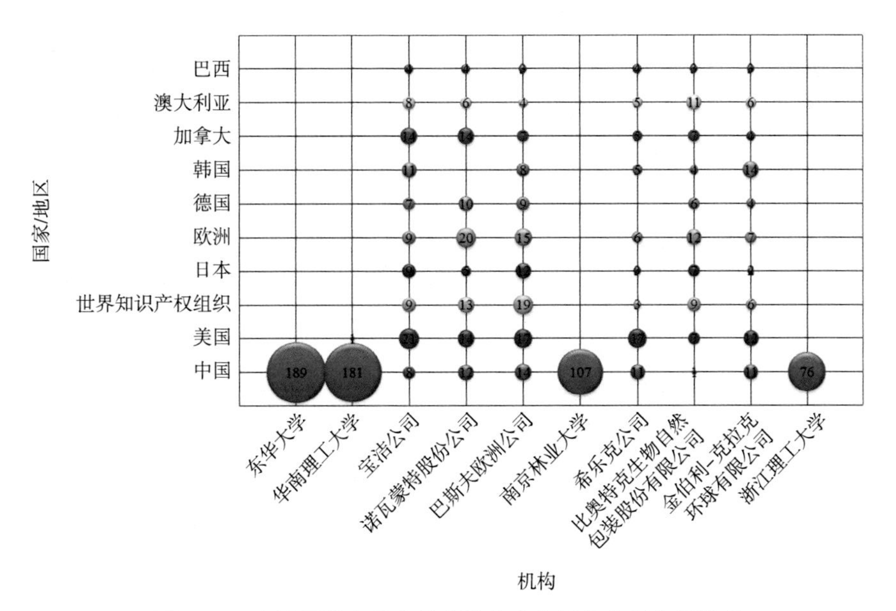

图2-27　申请量排名前十的申请人在各国的专利布局情况

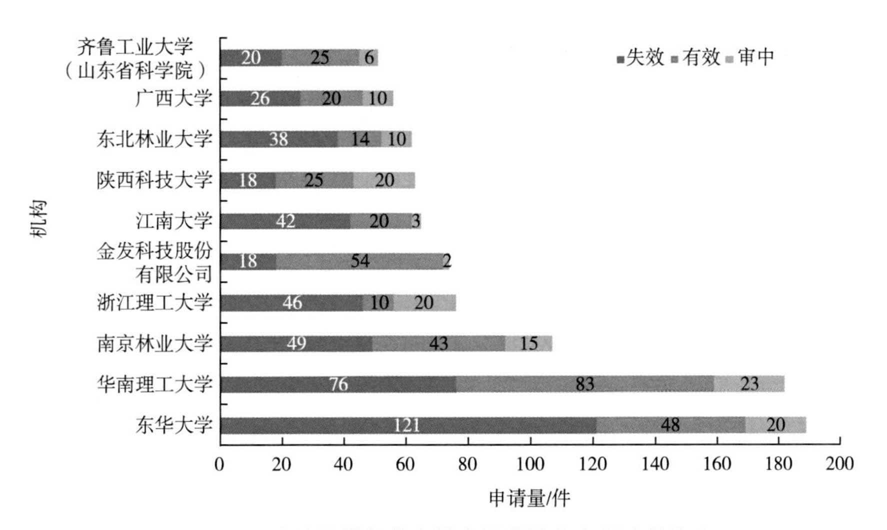

图2-28　申请量排名前十的中国申请人专利法律状态

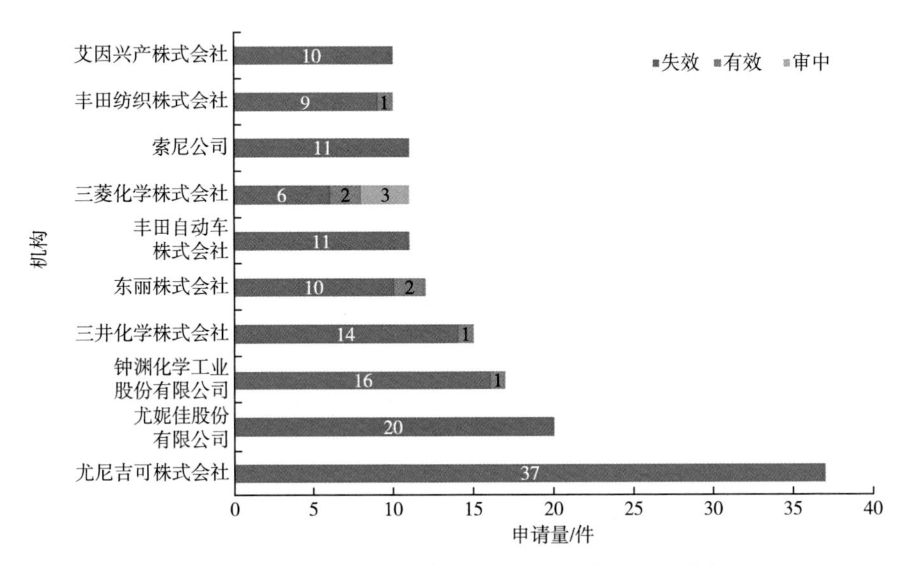

图2-29 申请量排名前十的日本申请人专利法律状态

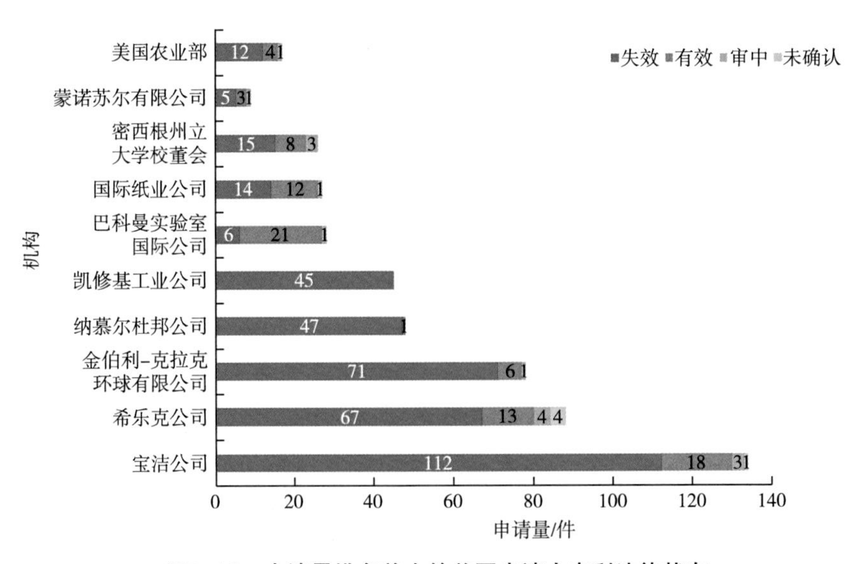

图2-30 申请量排名前十的美国申请人专利法律状态

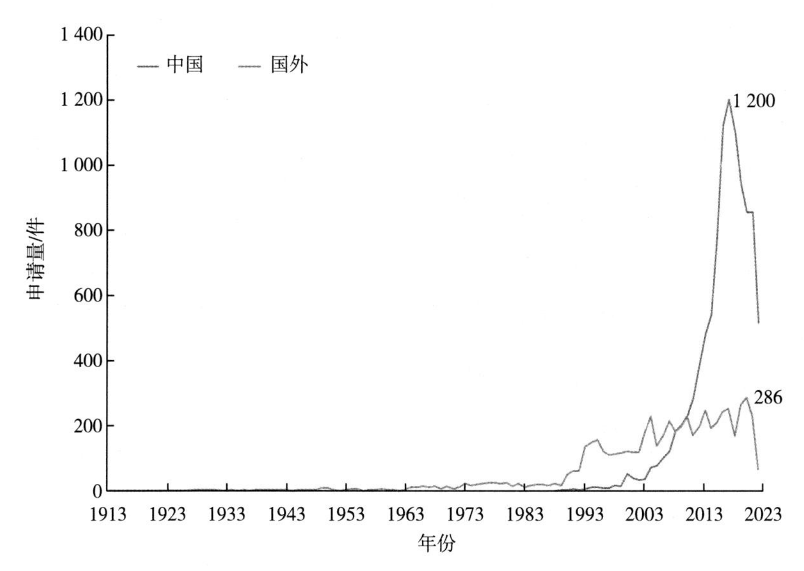

图3-1　中国专利和国外专利申请年度趋势

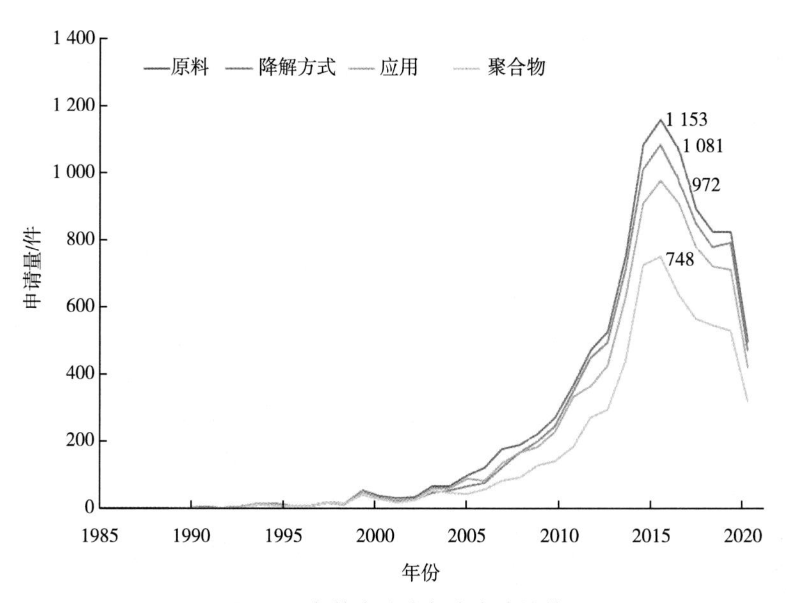

图3-3　各技术分支年度申请趋势

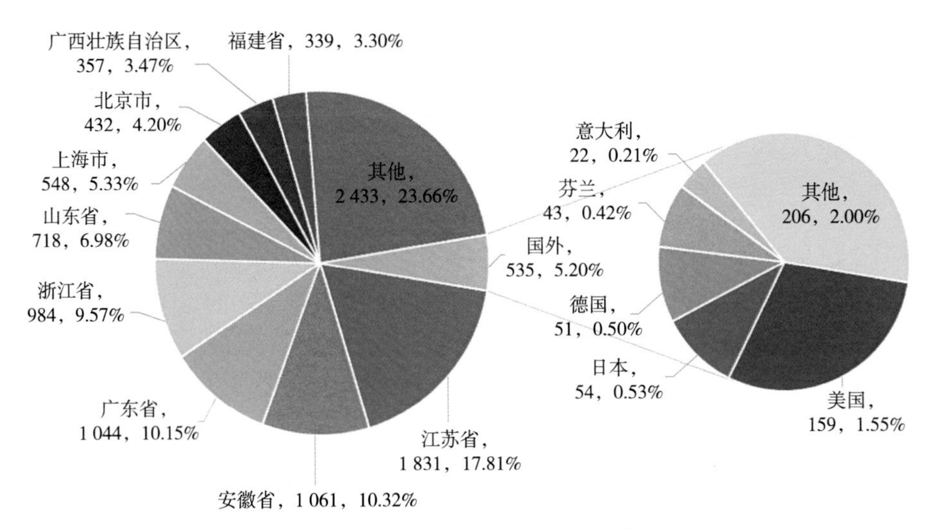

图3-4　在中国申请专利的申请人所属国家/地区分布

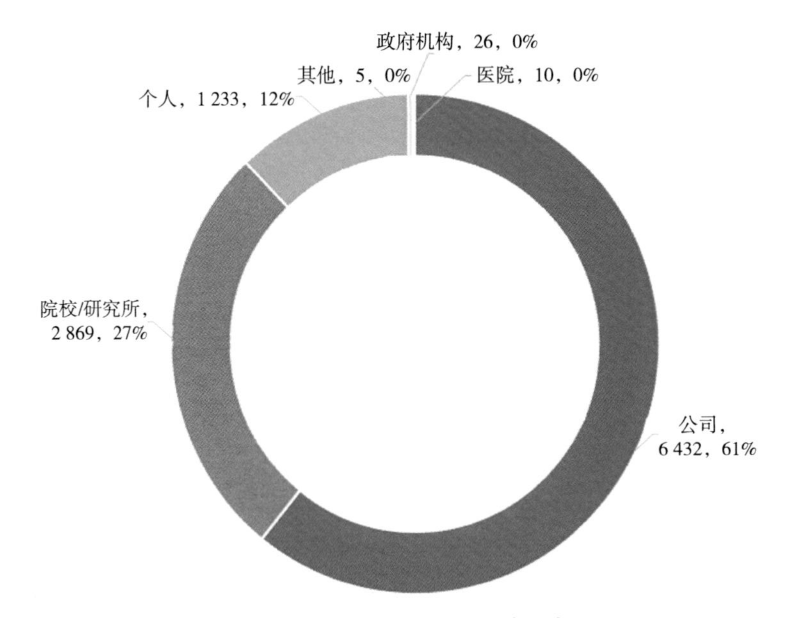

图3-5　在中国申请专利的申请人类型

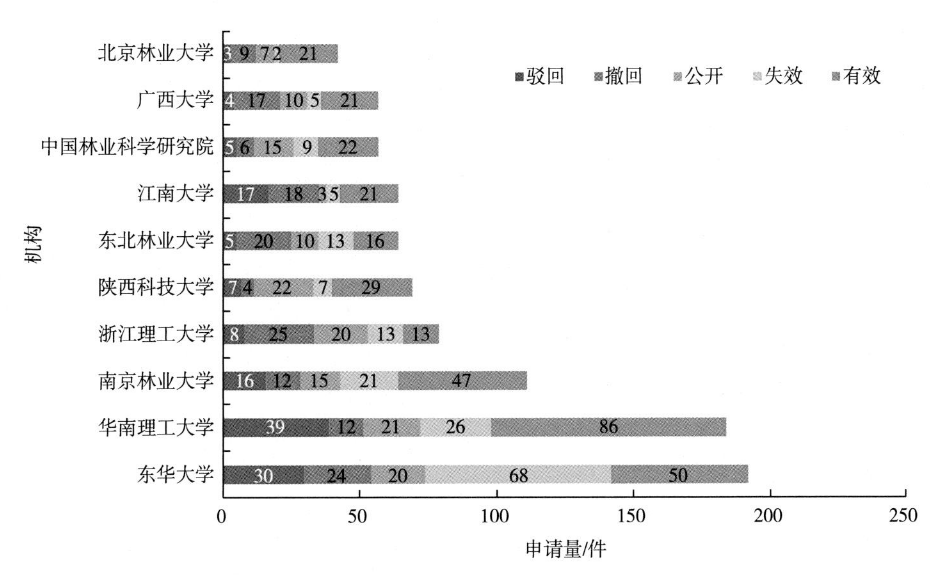

图3-6　中国专利申请量排名前十的申请人排名

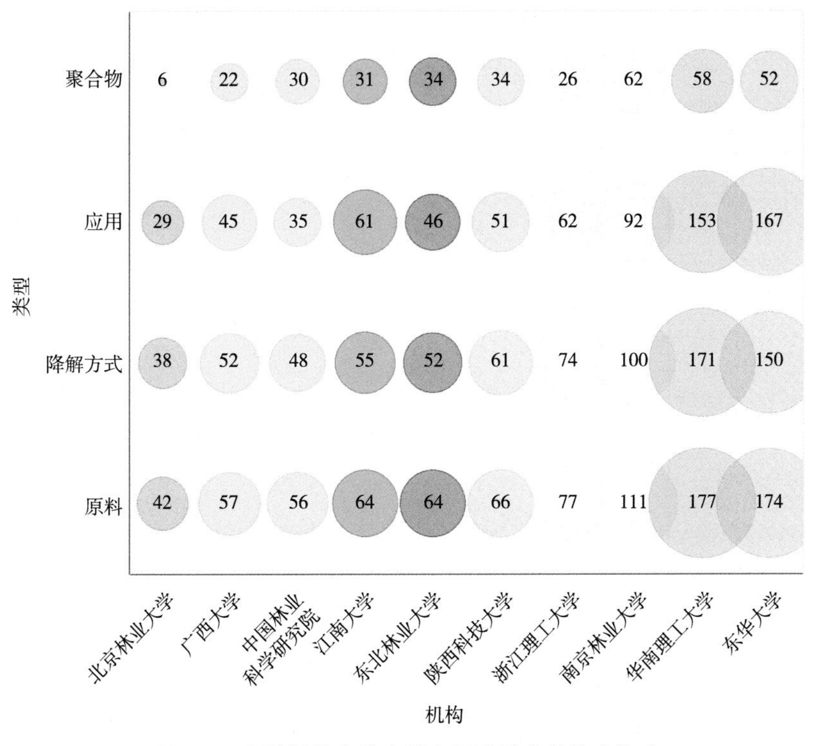

图3-7　申请量排名前十的中国申请人的技术构成